《长三角科技一体化的实践与探索》
编委会

李家彪　　谌　凯　　肖　文

应向伟　　周鸿勇　　吴　伟

汪彩君　　邵　青　　黄晓飞

陈　昊　　何　秀　　郑心怡

长三角

科技一体化的实践与探索

李家彪

主编

YANGTZE RIVER DELTA

ZHEJIANG UNIVERSITY PRESS

浙江大学出版社

图书在版编目(CIP)数据

长三角科技一体化的实践与探索 / 李家彪主编；谌凯，肖文，应向伟副主编. —杭州：浙江大学出版社，2022.3
ISBN 978-7-308-22242-6

Ⅰ.①长… Ⅱ.①李… ②谌… ③肖… ④应… Ⅲ.①长江三角洲－科学技术合作－方案 Ⅳ.①G322.75

中国版本图书馆 CIP 数据核字(2021)第 276584 号

长三角科技一体化的实践与探索

主　　编　李家彪
副主编　谌　凯　肖　文　应向伟

策划编辑	曾建林
责任编辑	许艺涛　吴伟伟
责任校对	蔡圆圆
封面设计	雷建军
出版发行	浙江大学出版社
	（杭州市天目山路 148 号　邮政编码 310007）
	（网址：http://www.zjupress.com)
排　　版	浙江时代出版服务有限公司
印　　刷	杭州钱江彩色印务有限公司
开　　本	710mm×1000mm　1/16
印　　张	16.25
字　　数	220 千
版 印 次	2022 年 3 月第 1 版　2022 年 3 月第 1 次印刷
书　　号	ISBN 978-7-308-22242-6
定　　价	68.00 元

序　言

2018 年,长三角一体化发展上升为国家战略。这是习近平总书记亲自擘画、亲自部署和亲自推动的重大国家战略。

习近平总书记强调,"要深刻认识长三角区域在国家经济社会发展中的地位和作用","率先形成新发展格局","勇当我国科技和产业创新的开路先锋","加快打造改革开放新高地","引领全国高质量发展","打造我国发展强劲活跃增长极"。①

坚持创新驱动发展战略、推进科技和产业创新,无疑是长三角一体化发展的重中之重的任务。近几年来,长三角三省一市认真学习贯彻习近平总书记重要指示,按照《长江三角洲区域一体化发展规划纲要》要求,努力推动"构建区域创新共同体"。面向"十四五"和 2035 年远景目标,国家进一步提出要提升长三角一体化发展水平,强调在科技方面,要瞄准国际先进科创能力和产业体系,加快建设长三角 G60 科创走廊和沿沪宁产业创新带,提高长三角地区配置全球资源能力和辐射带动全国发展能力。

2018 年以来,浙江在推动长三角构建区域创新共同体过程中,做过哪些努力和贡献? 存在哪些优势和短板? 在构建未来长三角区域创新共同

---

① 习近平在扎实推进长三角一体化发展座谈会上强调紧扣一体化和高质量抓好重点工作推动长三角一体化发展不断取得成效[EB/OL]. (2020-08-23)[2022-02-14]. http://jhsjk. people. cn/article/31833092.

体过程中,浙江应该担当什么角色?如何在配置全球资源能力和辐射带动全国发展方面做出更多贡献?对此,中国工程院与浙江省人民政府共建的中国工程科技发展战略浙江研究院,由李家彪院士牵头,刘文清院士、陈坚院士、林忠钦院士和省信息院、浙江大学、浙江工业大学、海洋二所等机构的专家参加,开展了"长三角一体化国家战略下浙江科技工作的思路与对策研究"重点课题的研究。本书就是课题组两年来的研究成果。

我先通读了全书。其一,全书从长三角一体化中科技创新的目标与举措出发,在明确科技创新共同体概念内涵的基础上,借鉴全球创新网络理论、"点—轴系统"理论,参考旧金山湾区、欧洲研究区、日本东京湾区和京津冀、粤港澳大湾区创新共同体建设的实践,比较分析了长三角三省一市各自的科技创新资源与产业优劣势,进而提出长三角科技创新共同体的结构要素与构建路径。其二,分析了浙江在长三角科技创新共同体建设中的角色定位、推进举措与面临的不足,具体解析了浙江省内各地市在科技创新共同体建设中的方向作用。其三,分别从深化关键核心技术协同攻关、共建科技创新平台汇聚整合高端要素、构建科技资源共用共享机制、集聚全球创新资源参与国际科技合作、构建人才引进流动机制等五大方面,就构建长三角科技创新共同体的诸要素与路径进行了具体的分解。从长三角的现状出发,借鉴国内外的相关经验,然后落脚于有利于浙江发挥作用的对策建议。

全书结构脉络清晰,简洁明了,能够始终在全球视野中审视问题,站在国家战略的高度聚焦问题,从长三角一体化的维度思考问题,站在浙江的更大担当作为角度解决问题,从而使对策建议既符合浙江实际,也契合长三角一体化战略、符合国家战略需求、紧跟全球科技发展趋势。本书形成的诸多创建性的对策建议,对浙江推动长三角科技创新共同体建设具有很好的借鉴意义。如深化长三角区域关键核心技术协同攻关方面,提出改革科技计划项目组织管理机制的建议。支持省外具备相应条件和能力的企事业单位牵头申报,择优纳入科技计划项目库管理,入库项目在满足科研机构、科研活动、主要团队到我省落地,项目成果在我省转化等条件后,给予立项支持。这样的机制改革,有利于打破抑制要素自由流动的障碍,吸引大机构、大团队落户浙江。在共建科技创新平台汇聚整合高端要素方面,提出要促进技术联合攻关、促进科技创新平台资源共享,这两点都旨在打破创新资源条块壁垒,破解"孤岛"效应。通过高新技术企业、科技型中小企业、创新平台、科技成果等互认,相互开放国家级和省级重点实验室、中试基地和科技经济基础数据等信息资源,建立三省一市互认衔接的科技创新券合作机制,引导各类科技平台和创新基地加大开放共享力度,探索实行科技资源开放共享法人责任制,建立科技资源利用及共享情况公示制度,建立服务效果在线监控和反馈机制等一系列制度措施,能够在长三角区域内形成高端要素"集聚—共享—反馈—提升—再集聚"的闭环机制,通过积极的反馈,不断提升集聚要素和共享开放的水平与层次,可以推动长三角科技创新共同体发展水平的不断提升。

此外,本书在构建科技资源共用共享机制方面,提出按需定制,构建科技资源共享的多样化服务模式;在集聚全球创新资源参与国际科技合作方面,聚焦重点领域实施大科学计划,以项目吸引资源集聚;在构建人才引进流动机制方面,支持各地方在长三角区域内建设"人才飞地""创新飞地"等。这些对策建议,充分考虑到了市场机制在配置资源的重要作用,符合长三角地区特别是浙江市场经济高度发达的现状,都是操作性很强的建议。

可以肯定地说,构建长三角科技创新共同体是推动长三角一体化发展的十分重要的一环,也是国家"十四五"规划和2035年发展目标中的重要内容。浙江,作为其中的重要一极,厘清自身的优势与不足,确立发展方向与策略,对于固长板、补短板,推动长三角科技创新共同体早日建成具有积极的意义。

　　本书倾注着各位院士和专家对长三角地区加快构建创新共同体有关重大问题的系统性思考。既有理论分析,翔实资料,又有丰富案例,将国家层面的战略落实为一系列重大问题,将长三角区域的创新发展融合到浙江的发展中,将浙江的科技创新又化解到各地市的科技创新工作中,将宏大叙事落实为可操作性的实践建议,可以帮助我们深入学习领会贯彻习近平总书记的新理念新战略新部署,切实把握好科技创新引领长三角高质量一体化发展的着力重点,并以开路先锋姿态和实际行动更好地服务国家发展大局。

　　遵嘱写上这些粗浅体会,是为序。

前　言

　　长三角地区是我国经济发展最活跃、开放程度最高、创新能力最强的区域之一,应当成为高质量发展空间布局的重要抓手,区域协调发展的创新之地。2018 年 11 月,习近平总书记在首届中国国际进口博览会开幕式上宣布,"支持长江三角洲区域一体化发展并上升为国家战略"。① 在创新驱动发展战略背景下,长三角一体化进程不仅是经济一体化,更是创新一体化。2019 年 12 月中共中央、国务院印发的《长江三角洲区域一体化发展规划纲要》(以下简称《规划纲要》)将"构建区域创新共同体"作为目标之一,要求三省一市②"联合提升原始创新能力、协同推进科技成果转移转化、共建产业创新大平台、强化协同创新政策支撑"。其中,明确提出要充分发挥创新资源集聚优势,协同推动原始创新、技术创新和产业创新,合力打造长三角科技创新共同体。《2020 年浙江省推进长三角一体化发展工作要点》中,明确将"印发实施浙江省推进长三角科技创新共同体专项行动计划"作为浙江省 2020 年需要完成的 77 项任务之一。2020 年 6 月 5 日,在湖州举行的 2020 年度长三角地区主要领导座谈会上,上海市委书记李强认为长三角一体化合作机制在新冠肺炎疫情大考中得到了拓展和提升,

---

　　①　习近平在首届中国国际进口博览会开幕式上的主旨演讲(全文)[EB/OL].(2018-11-05)[2021-12-21]. http://jhsjk.people.cn/article/30382600.

　　②　三省一市指长三角地区的江苏省、浙江省、安徽省及上海市。

1

一体化的理念、"共同体"的意识已经深入人心。2020 年 8 月 20 日,习近平总书记在"扎实推进长三角一体化发展"座谈会上强调,长三角地区要"勇当我国科技和产业创新的开路先锋"。当前,新一轮科技革命和产业变革加速演变,更加凸显了加快提高我国科技创新能力的紧迫性。长三角区域不仅要提供优质产品,更要提供高水平科技供给,支撑全国高质量发展,加快构建长三角科技创新共同体已成为三省一市的发展共识。

理论层面,从那不勒斯"自然秘密研究会"、英国"哲学学会"、滕尼斯的"共同体"到熊彼特的"创新"理论,有关"创新共同体"概念的提出及其演变,揭示了人类对科技创新活动的理性认知与深化过程,也显现了较强的时代特征。实践层面,由于行政壁垒、部门分割、地方利益保护等现实约束,长三角地区在推动科技创新要素跨区域流动方面受到制约,影响了科技创新质量和发展水平,造成科技创新资源效能不高,区域分布不合理。针对原创性技术、产业"卡脖子"关键技术,部门之间协同力度不够,高质量科技成果不足,部分新兴产业仍处于高端产业的低端环节,关键核心技术仍受制于人。科技成果转化渠道不够畅通,技术市场要素资源流动不畅,跨区域科技创新与产业协同不强,科技中介服务机构和技术经纪人发展不够充分。三省一市科技创新跨区域协调机制设计不健全,在资源调动力、执行力度、法律法规约束上较为薄弱。对照《规划纲要》有关"构建区域创新共同体"的战略规划与总体要求,在高质量一体化发展背景下,构建长三角科技创新共同体及其高效运行保障机制,是三省一市围绕国家大局、服务国家战略、推进长三角更高质量一体化发展的重要突破口,也是浙江省努力建设新时代全面展示中国特色社会主义制度优越性重要窗口的应有之义。

在此背景下,本书从长三角科技创新共同体的内涵要素与目标定位、长三角区域关键核心技术协同攻关、高能级科技创新平台共建、科技资源共用共享、全球创新资源集聚融合、人才一体化等维度系统、全面地阐述了长三角科技一体化的创新要素和发展路径,并提出了长三角一体化战略背景下科技创新发展路径的浙江思考。希望该书的出版能给长三角科技工作者带来一定借鉴和启示,在推动长三角科技创新共同体建设中发挥积极作用。

本书所采用的统计数据来源于《中国统计年鉴》《中国科技统计年鉴》《上海统计年鉴》《上海科技统计年鉴》《江苏统计年鉴》《江苏科技年鉴》《浙江统计年鉴》《浙江科技统计年鉴》《安徽统计年鉴》《安徽科技统计公报》等。

本书由李家彪和应向伟总体策划,谌凯、肖文承担全书统稿工作。各章编撰分工如下:第一章由周鸿勇、邵青完成;第二章由谌凯、应向伟完成;第三章由吴伟、何秀完成;第四章由汪彩君、应向伟完成;第五章由吴伟、郑心怡完成;第六章由肖文、陈昊完成;第七章由周鸿勇、邵青、谌凯、黄晓飞完成。

目　录

第一章　长三角科技创新共同体的
　　　　内涵要素与目标定位

　　长三角地区经济总量约占全国 1/4,科技创新优势明显,拥有上海张江、安徽合肥 2 个综合性国家科学中心,以及全国约 1/4 的"双一流"高校、国家重点实验室和国家工程研究中心。区域科技创新载体多,有 3 个自由贸易试验区、5 个国家级自主创新示范区、33 个国家级高新技术开发区、65 个国家级经济技术开发区。区域创新能力强,三省一市的研发投入、研发人员数量、重大科技基础设施数量均约占全国的 1/3,上海、南京、杭州、合肥研发强度均超过 3%,在电子信息、生物医药、高端装备、新能源、新材料等领域形成了一批具有较强国际竞争力的创新共同体、产业集群,具备建设世界级科技创新高地的条件。

　　《长江三角洲区域一体化发展规划纲要》^①就区域科技创新的发展目标、思路、重要举措等做出明确部署。在科技创新目标定位方面,提出要推动科技创新与产业发展深度融合,促进人才流动和科研资源共享,整合区域创新资源,联合开展"卡脖子"关键核心技术攻关,打造区域创新共同体。到 2025 年,区域协同创新体系基本形成,成为全国重要的创新策源地;创新链与产业链深度融合,产业迈向中高端;研发投入强度达到 3% 以上,科

---

　　① 中共中央 国务院印发《长江三角洲区域一体化发展规划纲要》[EB/OL]. (2019-12-01)[2020-08-19]. http://www.gov.cn/zhengce/2019-12/01/content5457442. htm? tdsourcetag＝spcqqaiomsg.

技进步贡献率达到65％,高技术产业产值占规模以上工业总产值比重达到18％。

在推进科技创新举措方面,《规划纲要》提出以"构建区域创新共同体"为突破口,提升长三角地区科技创新原始能力、创新成果转化能力。一是联合提升原始创新能力。加强科技创新前瞻布局和资源共享,集中突破一批"卡脖子"关键技术,联手营造有利于提升自主创新能力的创新生态,打造全国原始创新策源地。加快科技资源共享服务平台优化升级,推动重大科研基础设施、大型科研仪器、科技文献、科学数据等科技资源合理流动与开放共享。二是协同推进科技成果转移转化。充分发挥市场和政府的作用,打通原始创新向现实生产力转化通道,推动科技成果跨区域转化。发挥长三角技术交易市场联盟作用,推动技术交易市场互联互通;打造长三角技术转移服务平台,实现成果转化项目资金共同投入、技术共同转化、利益共同分享。三是共建产业创新大平台。充分发挥创新资源集聚优势,协同推动原始创新、技术创新和产业创新,合力打造长三角科技创新共同体,形成具有全国影响力的科技创新和制造业研发高地。四是协同创新政策支撑。各地要加大政策支持力度,形成推动协同创新的强大合力。建立人才一体化保障服务标准,实行人才评价标准互认制度;加强长三角知识产权联合保护;探索建立区域创新收益共享机制,设立产业投资、创业投资、股权投资、科技创新、科技成果转化引导基金等,为长三角地区三省一市突破体制机制障碍,加快科技成果创新与转化、加强区域合作指明了发展方向。

对浙江省来说,长三角一体化进程中科技创新的目标定位就是发挥浙江数字经济领先、生态环境优美、民营经济发达等特色优势,大力推进大湾区大花园大通道大都市区建设,整合提升一批集聚发展平台,打造全国数字经济创新高地、对外开放重要枢纽和绿色发展新标杆。2020年6月,中共浙江省委十四届七次全会提出"要坚持人才强省、创新强省导向,深入实施创新驱动发展战略,打造人才生态最优省,建设'互联网＋'科创高地、生命健康科创高地、新材料科创高地,推进高端创新载体和新型实验室体系建设,加快集聚全球顶尖人才、科技领军人才、青年科技人才和新时代浙江工匠,努力构筑面向未来的竞争新优势"①,为努力建设展示坚持和完善社会主义市场经济体制、不断推动高质量发展的重要窗口贡献科技创新力量。

第一节　科技创新共同体的理论基础与实践经验

一、科技创新共同体的概念内涵

1.科学共同体

科技创新共同体的思想源远流长,从"科学共同体"到"创新共同体",有关知识创造、技术创新、成果商业化及创新生态系统方面的研究不断演化。斐迪南·滕尼斯(Ferdinand Tonnies,1887)在《共同体与社会——纯粹社会学的基本概念》一书中,首次提出"共同体"(community)概念。滕尼斯认为,共同体的类型主要是通过建立在自然的基础之上的群体(如家庭、家族)里实现的,它也可能在小的、历史形成的联合体(如村庄、城市)以及在思想的联合体(友谊、师徒关系等)里实现。当前在类型上,一般分为地域型共同体(如村庄、社区等地域性质的社会组织)、关系型共同体(如种族、宗教、社团等以社会关系或共同情感聚集的群体)。米切尔·波兰尼(Michael Polanyi)于1942年首次提出"科学共同体"(scientific community)概念,认为"今天的科学家不能孤立地实践他的使命,他必须在各种体制的结构中占据一个确定的位置,每个人都属于一个由专业科学家构成的特定集

---

① 中共浙江省委关于深入学习贯彻习近平总书记考察浙江重要讲话精神 努力建设新时代全面展示中国特色社会主义制度优越性重要窗口的决议[N].浙江日报,2020-06-28.

团,这些不同的科学家群体形成了科学共同体"(李子彪、张静,2016)。1962年,托马斯·库恩在《科学革命的结构》一书中提出"范式"概念,并将科学共同体与范式概念密切联系起来。库恩认为,科学共同体是一种专业的学术团体,不同时期共同体的研究成果推动科学的发展与前进,科学共同体是知识的生产者和确认者,范式是指共同体成员所共有的东西(胡宗雨、李春成,2015)。美国社会学家罗伯特·墨顿(Robert King Merton)认为科学共同体是为了获得真理知识而建立起来的必要且适宜的团体关系。库恩的"科学范式"推动了学院式"纯粹科学"过渡到后学院式"商业科学",形成了一种全新的科学生产生活方式,加速了知识生产向商业化产品的转化,从而引入了经济学意义上的"创新"。胡春燕(2014)认为科学共同体是指以共同研究为特征的科学研究共同体;邓广、杨震演(2000)认为科学共同体在形式上等同于科技界,在内容上强调科学工作者应遵循的共同行为准则及相应的制度设计;李子彪、张静(2016)认为科学共同体是指遵循同一科学规范或为完成同一科学目标而组建的共生动态科学群体,具有同一性、共生性和动态性特征。

2.技术创新共同体

随着创新系统研究的深入,理论界逐步转向以企业为核心的创新系统研究,强调企业的主体地位,同时加入更多的创新要素来研究创新系统。Galbraith(1973)认为技术创新的主体应是一个专家集合,形成一个技术专家群体。Maidique(1980)把企业家纳入群体范围,认为技术创新中的管理、技术等因素会随情境而变化,因此需要不同的员工以不同的方式来参与完成。Lynn(1996)聚焦跨主体的系统活动,认为不同主体的关联性和互动性契合创新共同体,且参与主体包括技术创新的所有个人和组织。Saxenian(1994)认为硅谷地区的许多企业家之间形成了一个紧密的团体。

胡宗雨、李春成(2015)认为创新共同体是以科技园区为创新载体,以市场需求为导向,以知识创新为基础,以各创新主体之间的协同创新为驱动力,实现创新价值的创新生态系统,目的是形成区域创新文化,打造以产业集群为主的创新集群。具有五个方面的含义:一是创新资源的共享共用。创新共同体的主要构成元素共享基础设施、信息资源、创新政策、生态环境等,创新体制机制壁垒彻底消除。二是创新要素自由流动。创新的核心要素人才、资本、成果在统一市场上,基于市场在资源配置中的决定作用,得以自由流动、优化配置。三是创新和产业结构错位。在创新链、产业链的分工上有所侧重,合作互补,发展共赢,高新技术产业错位发展,打造独具特色的产业集群。四是创新合作的宽泛化与常态化,包括科技园区、大学、科研院所、企业、政府、中介机构等主体之间合作形式多样,途径多元化,合作创新成为常态,建立起便于合作的体制机制。五是创新文化融会贯通。创新文化、创业文化、创意文化、合作文化等相互融合,互相激发。

王峥、龚轶(2018)认为创新共同体是基于一定的政治、经济、社会、文化等,以共同的创新远景和目标为导向,以顺畅流动和充分共享的创新资源以及高效的运行机制为基础,多个行为主体(企业、科研院校、政府、中介机构等组织)通过相互学习和开放共享,积极开展创新交互与协同合作,彼此间形成紧密的创新联系和网络化结构,推动行为主体创新能力的增强以及区域创新绩效与竞争力和影响力整体提升的特定创新组织模式。在构成要素上,创新共同体有共同的、明确的价值观和目标,具备人才、资金、技术、信息等创新基础资源,拥有政府、科学共同体、企业、社会组织等各类机构,以及科技中介公司、投资公司、担保公司、产业创新联盟、行业协会等各类创新平台与载体。创新主体围绕着人才、资金、信息、技术等创新资源形成创新网络结构,依托驱动机制、运行机制和保障机制等推动创新共同体高效运转(王峥、龚轶,2018)。他们认为,地理临近性、创新知识交换、共同的文化习惯、价值观等是创新共同体形成的基础。

3. 科技创新共同体

科学共同体主要是基于共同的价值理念、以揭示科学知识发现为目标的科学家群体所形成的关系网络和组织形态。技术创新共同体主要是围绕着生产实践中的技术开发与应用,企业、科研院所、政府、中介机构等多元主体间形成的一种合作关系和组织形态。科技创新共同体实际上兼具科学共同体和技术创新共同体的内在特征,但又超越了二者,具有其自身的内涵属性。因为从创新理论中对"创新"内涵的理解也是一个逐步深入的过程,熊彼特意义上的创新是经济生产过程中各种资源要素的新组合,而技术创新强调的是企业生产过程中新技术的发明与应用,创新的源泉来自生产实践。但从创新过程来看,科技创新是涵盖知识创新、技术创新和创新成果转化应用等环节的一个连续体,对应的创新阶段即上游的科学发现和知识创新、中游将科学发现和知识创新孵化为新技术、下游采用新技术及高新技术产业化。在每个阶段中,创新驱动的重点、创新的投入来源、创新的主体都有所不同。前端驱动的重点是基础科学研究和知识创新,创新风险高、创新知识外溢性强,政府是创新投入的主要来源,从事基础知识创新的科技人员是创新主体。中端驱动的重点是科技成果转化,创新投入除政府资金支持外,风险资本投入加速了新技术、新发明的孵化进程。高校和科研院所的科技人员、企业技术研发人员、政府科技部门人员及科技信息服务专业性机构,通过政产学研协同创新机制,形成密切的互动合作。后端驱动的重点是新技术、新发明的采用、推广及产业化。此时企业是主体,重点是产品创新、管理制度、商业模式创新,以适应不确定的市场。科技创新共同体就是围绕着科技创新活动的三大阶段,在产学研协同创新模式下,科研院所、高校、企业、中介服务机构等形成资源共享、服务协作的合作机制,而基于科技创新成果的溢出效应,政府在此过程中扮演着公共服务供给和政策支持者角色,由此形成了一个以科技创新活动为起点,具备跨区域、多主体、网络化、复杂性的创新群体组织。

　　本书认为构建长三角科技创新共同体,即在三省一市范围内,中央政府一省(市)政府一地市、区县政府间,要形成角色分工和内在关联机制,明晰跨省（市）域科技协同创新在组织机制设计、区域利益分配共享、公共服务配套衔接等宏观层面的总体战略；以企业、高校、科研机构、政府等创新要素在不同维度聚集形成要素功能层；以依托科技园区、高新区等创新载体形成的创新廊道、创新圈为科技创新共同体物理空间层；以推动长三角区域政策一体化为目标，集成创新平台治理、技术联盟治理、创新生态治理等政策，形成创新治理层；积极塑造互通互认、资源共享、优势互补、协商共建、良性竞合的价值文化层，形成长三角科技创新共同体的治理架构。具体来说，宏观层面，以中央政府、跨省（市）域政府间建立科技协同创新的组织领导、协调机构、推进机制与运行保障为重点，强化政策引导与激励，营造科技协同创新的政策支持环境。中观层面，以创新链中的源头——科学知识发现为起点，建立跨省（市）域高校、科研院所知识创新资源的开放共享与自由流动机制，优化长三角科技创新资源配置，提升长三角科技原始创新能力。微观层面，以长三角优势高技术产业为突破口，推进产业链与创新链融合提升，聚焦集成电路、新型显示、物联网、人工智能、生命健康、智能制造、前沿新材料等重点产业领域，建立若干科技创新共同体，加速协同推进科技成果转移转化。在此过程中，各类产业创新平台载体、科技创新服务机构，为长三角科技协同创新提供配套服务支持。

二、科技创新共同体构建的理论基础

1. 全球创新网络理论

自熊彼特提出"创新"概念以来，有关创新主体、创新资源、创新网络的研究不断深入，以企业为主体的创新行为也由内部封闭式创新转向寻求外部资源、开放式创新，参与创新活动的主体也突破了企业、政府、高等学校、研发机构及创新服务机构。进入 20 世纪后期，随着知识存在形式的分散化、企业内部研发效率低以及信息、通信和交通技术的发达，为企业开始注重从外部寻求可用资源，搭建全球创新网络提供了条件。Ernst 于 2009 年最早提出"全球创新网络（Global Innovation Network）"的概念，认为全球创新网络是一种在跨组织边界、跨区域边界上整合分散化的工程应用、产品开发以及研发活动的网络形态。马琳、吴金希（2011）认为全球创新网络是企业在全球范围内搜索可利用的知识资源、关注资源使用权并且具备高度开放性的价值网络创新模式。陈志明（2018）认为立足于经济全球化和新技术革命、知识全球化、信息技术与产业加速融合等时代背景，全球创新网络本质上是在跨组织、跨区域边界上通过网络的方式整合利用分散的创新资源以及实现创新价值的组织方式。这一组织方式具有四方面特征：（1）权利非对称。在全球创新网络中，创新分工格局和技术发展方向主要由发达国家决定，而旗舰企业决定着网络中创新合作伙伴和创新项目、新产品开发的重点，创新网络的组织结构和战略直接影响着供应商、分包商等低端参与者的网络地位。当前全球创新网络中形成了全球卓越中心、高级枢纽、追赶者、"新前沿"等四类区域，围绕着创新链形成了全球范围内的创新分工格局。（2）治理结构多样。通过正式或非正式等多样化治理结构形成全球创新网络，正式治理结构主要依托合约、企业等正式的制度关系，如离岸研发网络、外部研发网络、国际公共企业创新联盟等。非正式治理结构松散，主要依托临时团队或某一平台、社交渠道等载体，如虚拟研发组织等。（3）知识分享。知识分享是全球创新网络持续成长的"黏合剂"。大型旗舰企业在区域范围内构建创新网络的目的就是以更低的成本获取其他地区的知识、技能以及能力。（4）价值实现。注重价值实现是全球创新网络的重要特征，是一种"技术＋市场"的商业模式。网络参与者采用全球技术，形成了采购与贸易、创新开发、创新生产、技术合作等各类"技术＋市场"的价值实现模式。

在构成要素方面，曾刚（2016）认为创新主体、创新资源、联系通道、创新空间是全球创新网络的构成要素。首先，创新主体一般包括企业、大学、科研机构、科技中介等组织。在创新网络中，不同主体扮演着不同的角色，如大学、科研机构主要承担基础性研究,企业是技术创新的主体,推动应用性研究并市场化,地方政府、科技中介组织主要起激励和辅助作用。其次,知识的生产及应用是创新资源的重点内容。根据熊彼特的创新理论,创新是建立一种新的生产函数,实现生产过程中资源要素或生产条件的新组合,包括五种情况:采用一种新的产品或产品的新特性;采用一种新的生产方法;开辟一个新的市场;获得原材料或半成品的一种新的供应来源;实现一种工业的新组织。创新知识包括显性知识和隐性知识,前者指可以符号化、容易流动的知识,后者指难以在口头上或用符号形式和某人直接交流的知识,如技能、能力、天赋等。再次,创新联系通道。根据不同标准,联系通道可分为多种类型:按企业边界划分为企业内部网络和企业外部网络;按地域边界划分为区域内联系和区域外联系;按网络合作对象划分,包括企业间垂直联系(产业链上下游联系),企业与大学、科研院所的水平合作关系,企业内部不同组织之间的联系(见表1.1)。最后,创新网络中知识、联系通道的作用强度与地理临近性密切相关。地理临近性、社会临近性、组织临近性、认知临近性等对知识的传播和创新产生至关重要的影响。

表 1.1　创新网络联系分类

变量	涉及知识主体
跨国公司内"分支－分支"协同创新网络	跨国公司内部不同分支
"企业－企业"垂直协同创新网络	顾客/客户,供应链企业,竞争企业
"企业－研究组织"水平协同创新网络	大学,研究机构,学院/技校

资料来源:曾刚,等.长江经济带协同创新研究——创新合作空间治理[M].北京:经济科学出版社,2016.

王立军(2019)认为,全球创新网络包括三个层次:一是全球科技创新网络。由全球生产网络升级而来,跨国公司主导,以企业研发中心全球布局及其研发服务外包为主要介质的技术开发与产业发展层次,主要针对高科技产业发展领域。二是全球知识网络。包括高校科研院所等力量主体,以科学论文、专利、学术会议、人员访学、合作研究等为载体的知识流动层,主要面向知识原创和创意发展。三是全球创新服务网络。依托各类创新与创业载体(包括创客空间、孵化器、服务中心等)及国际商务、创新融资(天使投资、风险投资、私募股权投资及众筹募资等)、国际联系、文化融合等影响因素,推进创新服务,该层具有松散全球网络化架构,主要面向科技创新和产业发展的创新服务层。对长三角科技创新来说,借鉴全球创新网络理论,三省一市应进一步扩大国际创新合作,建立科技创新联盟,优化科技创新环境。

2."点—轴系统"理论

"点—轴系统"理论是我国著名学者陆大道先生1984年最早提出来的。"点"指各级居民点和中心城市,"轴"指由交通、通信干线和能源、水源通道连接起来的"基础设施束","轴"对附近区域有很强的经济吸引力和凝聚力。轴线上集中的社会经济设施通过产品、信息、技术、人员、金融等,对附近区域产生扩散作用。扩散的物质要素和非物质要素作用于附近区域,与区域生产力要素相结合,形成新的生产力,推动社会经济的发展。我国区域经济学家魏后凯(1988)提出网络开发模式,认为区域经济发展是一个动态过程,即首先从一些节点开始,其次沿着一定轴线在空间上延伸,最后通过轴线的纵向加强和节点之间的横向协同形成网络,即呈现"增长极点—点轴—网络化"三个不同阶段。陆大道院士认为网络开发模式,实际上是"点—轴系统"模式的进一步发展,是该理论模式的一种表现形式(天津市科学学研究所京津冀协同创新研究组,2018)。

"点—轴系统"理论是基于德国经济地理学家瓦尔特·克里斯塔勒(Walter. Christaller)的中心地理论、法国经济学家佩罗克斯(François. Perroux)的增长极理论、德国地理学家沃纳·松巴特(Werner Sombart)的增长轴理论发展而来。从区域经济发展过程来看,经济中心总是首先集中在少数条件较好的区位,成斑点状分布。这种经济中心既可称为区域增长极,也是点轴开发模式的点。随着经济的发展,经济中心逐渐增加,点与点之间,通过生产要素交换所需的交通线路以及动力供应线、水源供应线等,相互连接起来这就是轴线。这种轴线首先是为区域增长极服务的,但轴线一经形成,对人口、产业也具有吸引力,吸引人口、产业向轴线两侧集聚,并产生新的增长点。点轴贯通,就形成"点—轴系统"。因此,点轴开发可以理解为从发达区域大大小小的经济中心(点)沿交通线路向不发达区域纵深地发展推移,是增长极理论聚点突破与梯度转移理论线性推进的结合。长三角高质量一体化,实质上就是以城市群节点城市为连接,辐射带动、区域空间优化、产业错位协同发展的建设过程。科技创新共同体建设,正是基于节点城市的连接纽带,协同推进科技创新资源配置与创新能力提升。

三、科技创新共同体建设的实践经验

科技创新活动具有高风险、高收益特性,一定区域范围内拥有良好的创新基础设施、创新人才工作生活的便利服务、创新风险资金投入以及包容友好的创新文化氛围,为区域科技创新共同体建设奠定了基础。国内京津冀、粤港澳大湾区在构建科技创新共同体方面进行了初步实践探索。国外著名的旧金山湾区、东京湾区在科技创新方面积累了良好的实践经验,而美国为应对国际金融危机,提出创新"空间力量"(The Power of Place)计划,建立一个能将全国各个创新主体系统化连接起来的"美国创新共同体"(America's Communities of Innovation)。欧盟提出建设欧洲研究区,旨在打造协同研究创新共同体,实现欧盟区域内研究人员、科技知识的自由流动。由企业、政府、高等院校、研究机构、创新服务机构等组成,形成超国家层、成员国和地区层、利益相关层三级治理架构。

1. 京津冀、粤港澳大湾区创新共同体建设

（1）京津冀协同创新共同体

京津冀区域经济科技合作起步于改革开放之初。2014 年 2 月,习近平总书记就京津冀协同发展重大国家战略做出重要指示。2015 年 4 月,

中共中央政治局审议通过《京津冀协同发展规划纲要》,标志着京津冀一体化发展上升为国家战略。同年,北京市科委印发《关于建设京津冀协同创新共同体的工作方案(2015—2017年)》的通知,天津、河北就贯彻落实协同创新共同体建设作出部署。如河北出台《河北省关于贯彻落实〈京津冀协同发展科技创新专项规划〉的实施意见》等政策文件,有效构建省地密切联动、主动对接京津的协同创新推进机制。2019年1月,习近平总书记主持召开京津冀协同发展座谈会并发表重要讲话,强调"要从全局的高度和更长远的考虑来认识和做好京津冀协同发展工作","下更大气力推动京津冀协同发展取得新的更大进展"。①

①京津冀协同创新共同体建设的三大机制

• 政策联动机制

专项政策。在京津冀区域内实现高新技术企业互认备案、科技成果处置收益统一化、推行创新券制度等相关政策。推动中关村自主创新示范区政策在京津冀相关地区落地。

综合政策。研究自主创新示范区、自贸区、保税区等多区政策叠加对协同创新的激励方式,探索"负面清单""权力清单"等行政管理体制改革模式。配合市相关部门研究促进创新人才跨区域流动的政策措施等。

• 资源共享机制

信息资源。整合京津冀地区科技信息资源,建立工作信息沟通机制,跟踪发布科技合作动态、针对热点问题开展舆情分析,促进三地科技项目库、成果库、专家库、人才库等信息资源互动共享。进一步提高科研基础设施、科学仪器设备、科学数据平台、科技文献、知识产权和标准等各类科技资源的共享和服务能力。

成果资源。落实《京津冀国际科技合作框架协议》,建立和完善合作机

---

① 习近平在京津冀三省市考察并主持召开京津冀协同发展座谈会[EB/OL]. (2019-01-18)[2021-12-21]. http://jhsjk.people.cn/article/30577658.

制,充分利用和共享中国(北京)跨国技术转移大会等国际创新合作平台,进一步对接国际创新资源和渠道,推动国际创新项目成果在京津冀地区落地。定期召开京津冀技术成果转化对接(或产业投资需求对接)推介会。

人才资源。推动共享专家智库信息,筛选出京津冀协同创新领域表现突出的科技人才,定期开展京津冀人才(高研班、技术经理人、技术经纪人等)培训班。

联盟资源。推动成立产业、专业领域等多种形式联盟,充分整合联盟资源,发挥联盟在京津冀协同创新中的优势作用,促进京津冀产业对接合作,提升区域协同发展能力。

- 市场开放机制

技术市场。建立统一的京津冀技术交易市场。加强技术交易团队培养和技术转移机构培育,促进京津冀技术市场交易一体化,向京津冀地区全境辐射。

科技消费市场。建立服务全国的京津冀新技术新产品(服务)采购平台。通过首购、订购等方式,支持三地新技术新产品(服务)和首台(套)重大技术装备进入市场。推动京津冀科普资源进一步开放共享,打造科普旅游路线。

科技投融资市场。促进三地投融资市场融合,配合科技部发起设立"京津冀科技成果转化联合投资基金",引导社会资本加大投入,加快推进京津冀区域协同发展。

②京津冀协同创新共同体建设的三类平台

- 创新资源平台

共建科技大市场。发挥首都科技创新资源优势,加速成果转移转化、技术交易、首都科技条件平台、科技金融、信息咨询、数据共享等资源要素在京津冀地区的对接共享、集中示范。

共建创新创业孵化中心。结合京津冀地区产业需求,引导一批技术成果进驻中心孵化,组织一批投资机构、创业团队等进行投资创业。

• 创新攻关平台

促进京津冀重点实验室合作共享。结合京津冀地区政策,发挥各自优势资源,选取共同关注的领域,推动三地重点实验室开放共享和产学研合作。同时联合开展战略研究和基础研究,共同设立京津冀基础研究专项。

共建联合攻关研究院。组建京津冀地区科研团队,开展资源型产业可持续发展研究,为三地产业转型升级提供技术支撑和产业示范。

• 创新成果平台

共建创新成果中试基地。将北京相关创新主体的研发成果在京津冀地区进行中试、孵化,推进其产业化发展,实现首都创新资源助推当地产业培育提升。

共建科技成果转化基地。围绕京津冀地区企业、科研机构等技术需求,组织北京创新资源、科技成果进行对接,鼓励北京地区创业团队、投资机构等在三地进行成果转化。

③京津冀协同创新共同体建设的四项工程

• 高端产业培育工程

围绕新材料、生物医药、节能环保、新能源汽车、现代服务业、新一代信息技术、高端装备制造等战略性新兴产业发展,引导首都创新成果等在合作区域产业化,培育区域性高端产业发展,促进以创新驱动为主导的高端产业在京津冀地区逐步形成。

• 传统产业提升工程

围绕钢铁、电力、建材、服装纺织等传统型产业,发挥首都创新优势,以先进技术和设计理念全面提升区域产业转型升级,以协同创新促进产业优化发展。

• 生态安全工程

围绕张承地区作为首都重要生态屏障和水源地的区域定位,从食品安全、水源保护、矿产资源优化利用、绿色能源示范、大气环境治理、智慧旅游等多个层面全面提升张承地区的生态安全水平,为京津冀生态环境联动建设提供支撑。

• 服务民生工程

围绕医疗卫生、交通运输、城市管理等领域,针对北京、天津、石家庄等大城市发展中面临的民生问题,引导京津冀科研资源进行合作。[①]

(2)粤港澳大湾区协同创新共同体

党的十九大报告明确指出"要支持香港、澳门融入国家发展大局,以粤港澳大湾区建设、粤港澳合作、泛珠三角区域合作等为重点,全面推进内地同香港、澳门互利合作"。2019年2月,中共中央、国务院印发的《粤港澳大湾区发展规划纲要》明确指出,要深入实施创新驱动发展战略,进一步完善区域协同创新体系,建设具有国际竞争力的创新发展区域。建设粤港澳大湾区,打造湾区科技创新共同体已成为粤港澳区域迈向全球实现大发展的内在需求,是我国实现创新驱动发展的重要支撑。这就要求要充分发挥粤港澳各自的科技优势,积极开展体制机制创新,着力构建世界级科技协同创新共同体,打造全球产业创新高地,形成开放创新的新格局,加快形成以创新为主要引领和支撑的经济体系和发展模式,加快将粤港澳大湾区建设成为世界一流的科技创新中心。

自2004年"粤港高新技术合作专责小组"成立以来,通过实施"粤港澳科技创新联合资助计划"积极支持香港成为创新及科技交流合作的前沿基地,深化广东与港澳的区域合作,有效地促进重点领域关键技术的突破。2017年7月1日,国家发改委、广东省政府、香港特区政府和澳门特区政府签署《深化粤港澳合作,推进大湾区建设框架协议》,进一步深化粤港澳科技合作,提升粤港澳整体协同创新能力,携手打造国际一流

[①] 《北京市科学技术委员会关于建设京津冀协同创新共同体的工作方案的通知》,2015年9月10日发。

湾区和世界级城市群。同年 11 月 18 日,广东省政府与香港特区政府签署了《粤港科技创新交流合作安排》,进一步推进粤港澳科技联动发展。粤港澳三地通过合作联席会议、《关于建立更紧密经贸关系的安排》(CEPA)及后续系列补充协议、共建自由贸易试验区以及即将出台的粤港澳大湾区城市群发展规划,合作机制与合作模式不断升级。当前,粤港澳大湾区科技协同创新发展机制已基本建立(张宗法,2019)。

粤港澳大湾区与世界三大湾区产业在主要产业结构、代表城市产业、科技创新特征方面的比较情况见表 1.2。

表 1.2　粤港澳大湾区与世界三大湾区产业比较

类别	粤港澳大湾区	纽约湾区	东京湾区	旧金山湾区
主要产业结构	金融、先进制造业、高新技术产业、现代服务业	金融业、证券、期货、计算机、商业贸易业	钢铁、装备制造、高新技术、高端服务业	金融业、电子、国际贸易业、高新技术产业、服务业
代表城市产业	广州——汽车、石油化工业、电子产品;深圳——高新技术、金融、现代物流、文化创意业;香港——金融、贸易	纽约——服装、印刷、化妆品、文化创意;新泽西——制药、服务、房地产、制造业、金融保险业	东京——贸易、金融、电子产品、精密机械等;横滨、千叶——(汽车)制造业、重化工业等	旧金山——服务业、金融、国际贸易;圣荷西——高新技术产业
科技创新特征	创新政策机制国内领先,高校及研究机构集聚,高新技术产业主导产业升级,风险投资达到国际水平,创新平台等公共服务完善,跨国企业总部集聚	金融资本集聚,大型跨国公司汇集,文化、创意为代表的知识密集型产业主导,高科技企业众多	政府主导产学研创新规划及政策,产业创新集群,开放包容的创新氛围,规划布局名校、跨国企业和科研院所	区域创新体系完善,世界一流大学和研究机构、顶尖研发人才和创业型企业家、高新技术公司。开放的创新网络和产业结构,成熟的风险投资机制和宽容的创新创业环境

资料来源:张宗法.粤港澳大湾区科技创新共同体建设思路与对策研究[J].科技管理研究,2019(14).

2. 旧金山湾区科技创新实践经验

旧金山湾区(San Francisco Bay Area),简称湾区(The Bay Area),是美国加利福尼亚州北部的一个大都会区,总人口超过 760 万人,位于沙加缅度河(Sacramento River)下游出海口的旧金山湾四周,其中包括多个大小城市,最主要的城市包括旧金山半岛上的旧金山(San Francisco),东部的奥克兰(Oakland),以及南部的圣荷西(San Jose)等,世界著名高科技研发基地硅谷(Silicon Valley),即位于湾区南部。

旧金山湾区的发展起源于经济大萧条时期旧金山—奥克兰海湾大桥和金门大桥的修建,二战期间作为美国海军面朝太平洋的重要战略中心,是重要的海军研发基地,在无线电、军事技术研究方面有深厚的积累。随着弗德里克·特曼(Frederick Terman)在斯坦福大学创办电子通信实验室,经过 20 多年的发展,实验室成为美国西海岸技术革命中心。此后,戴维·帕卡德和威廉·休利特的惠普公司以及斯坦福工业园区的创建,以硅谷为核心的旧金山湾区科技创新取得快速发展。旧金山湾区完备的创新生态系统,为其成为全球重要的科技创新中心奠定了扎实基础。一是拥有众多高等教育机构和研发组织。湾区内共有公立大学 34 所、私立大学 49 所,其中包括斯坦福大学、加州大学伯克利分校、加州大学戴维斯分校、加州大学旧金山分校、加州大学圣克鲁兹分校等 5 个世界顶级研究型大学;劳伦斯伯克利国家实验室、劳伦斯利弗莫尔国家实验室、航空航天局艾姆斯(Ames)研究中心、农业部西部地区研究中心、斯坦福直线加速器中心等 5 个国家级研究实验室。二是交通基础设施发达。湾区内州际公路、加州州道公路、101 号美国国道等道路交通系统发达,除海湾大桥外,圣马刁大桥、邓巴顿大桥等桥梁众多,拥有旧金山国际机场、奥克兰国际机场、诺曼·峰田圣荷西国际机场。三是人才资源丰富,为科技创新提供源动力。湾区丰富的高校、研究机构、深厚的经济产业基础以及开放创新的文化,吸引了全世界大量的创新人才、大学生来此工作求学。早在 2013 年,湾区

25 岁以上人口中,受过高等教育的人口比例已达到 42%,远高于美国全国平均 28% 的水平。四是拥有一批世界著名的高科技创新企业。湾区内拥有惠普、英特尔、谷歌、苹果公司、思科、升阳、旭电、甲骨文科技等大企业以及大量科技创新企业。五是风险投资助力创新型企业快速发展。科技创新的高风险、高收益特性,创新企业需要外部主体为其提供资金支持、分担风险。湾区内拥有配套发达的风险投资机构,除了为企业提供资金支持外,还会给创业公司提供企业管理方面的服务支持。风险投资资金规模持续增强,达到几百亿美元规模,每年投资的项目超过 1000 个。

从旧金山湾区发展历程和创新实践来看,区域科技创新之所以取得成功,一是区域内形成了完备的创新生态系统,人才、资金、技术、信息等各种创新资源集聚。二是发挥了企业创新主体作用,各类科技创新企业是旧金山湾区科技创新的中坚力量,大型企业、中小企业在科技创新链中形成有效分工布局,推动科技创新知识、技术及时转化并走向市场。三是高等学校、科研院所在科技创新中发挥了基础性、原创性作用,产学研融合发展。四是金融体系和政府政策支持为科技创新提供了良好的创新环境。

3. 美国创新共同体建设

2008 年,为应对国际金融危机,美国对科技创新以及产业发展的空间因素给予高度关注,提出了构建"美国创新共同体"这一具有空间属性的创新体系概念和一批相关重要举措。此外,美国科技园区协会发布的《空间力量:建设美国创新共同体体系的国家战略》《空间力量 2.0:创新力量》等报告,进一步阐明了这一具有空间属性的创新体系概念。美国创新共同体主要由科技园区、大学与学院、联邦实验室及私营研发企业等四大元素组成。

元素一:科技园区。由一系列相互关联的实体组成,主要包括初始研发孵化器、独立孵化器以及技术转化、商业开发、经济发展等领域的合作方。

元素二:大学与学院。主要为有资质的大学与学院,其中也包括获得联邦资助的社区大学,以及上述主体所在区域内的相关研究机构。

元素三:联邦实验室。包括联邦政府建立的实验室、资助的研发中心,以及其他由政府部门拥有或租赁的科研中心。

元素四:私营研发企业。以小微型企业为主,创新能力差异性较大,普遍具有较好的商业嗅觉,但融资及产业化能力较为薄弱(屠启宇、苏宁,2013)。

美国创新共同体建设的目标在于推进内部各主体间的协同创新,促进研发成果产业化,从"挖掘和利用好潜藏的创新能量"及"围绕私营企业,加强各个主体间的协同创新"两个方面出发,致力于:(1)在共同体内建立起多个有相互竞争关系的研发及成果转化中心,并由当地政府给予配套补助;(2)通过加快建立全国范围的综合性科研数据库,注重科研成果的数据挖掘;(3)进一步增强和私营企业的关系,强化私营企业之间的互动,积极营造有利于私营企业,尤其是小微企业创新发展的政策环境和氛围(本刊记者,2013)。

苏宁、屠启宇(2013)将美国创新共同体建设的具体举措总结为以下三点:(1)将减税条件与知识产权脱钩。在不断加大对创新共同体内部从事研发业务企业的税收优惠力度的同时,针对美国创新企业的税收减免条件中过于苛刻的知识产权标准,进一步放宽条件,以更为灵活的态度处理知识产权标准,使未来美国创新共同体成为创新企业的"避风港"。(2)努力完善国际投资环境。完备的国际投资环境是外部创新企业和人才进入美国创新共同体的重要前提。《国际投资与国家安全法案》的通过,使美国吸引国际投资战略逐渐清晰,并促进财政部对国外交易的审核流程进行改革。这些流程的更新使许多国家的商业企业能够以"绿地投资"的形式享受免税待遇,从而为国际资本进入创新共同体内部研发领域带来更大的便利。(3)大力推进"三大计划、一项法案"。联邦政府逐步向美国创新共同体中的小型科技创业企业提供《小企业创新研发计划》《小企业技术转化计划》《联邦技术与标准机构科技创新计划》等项目资金资助与激励。2007年8月,美国国会通过的《美国竞争力法案》成为推动美国科技创新能力提升的重要法案。该法案授权联邦政府开展对高风险、高收益科研项目的大规模投资,并进一步强化对科研机构的资助。创新共同体中的研发机构与企业的创新发展将直接受益于这一法案。从中可以得出三点政策启示:一是突出政府角色,着重谋求政府与企业间"双向互动";二是关注产学研用融合,强调共同体创新力量的协同;三是在创新共同体建设中引入"可持续"发展理念。

4. 欧洲研究区建设

为应对全球化挑战,增强区域创新优势,欧盟科研委员布斯坎(2000)最早在报告《建立欧洲研究区》中提出有关建立欧洲研究区(European Research Area,ERA)的设想与做法。在2000年3月的里斯本会议上,欧洲理事会倡导欧盟理事会和委员会与成员国为建立欧洲研究区一起开展必要的行动,旨在建设人才、资金和知识等可以自由流动的欧洲单一研发与创新市场,从而保持欧洲科学研究的卓越性,并有效应对气候变化、粮食和能源安全以及公共健康等重大挑战。根据"欧洲2020战略",欧盟建成欧洲研究区的最后期限是2014年(刘慧,2016)。

《里斯本条约》和欧洲理事会将欧洲研究区定义为:以内部市场为基础的面向全世界的统一的研究区域,研究人员、科学知识和技术在其中自由流通,通过其发展来加强联盟及成员国的科学和技术基础,提高竞争能力以及联合应对重大挑战的能力。欧洲研究区的目标是提升欧盟的创新竞争力及联合应对重大挑战的能力,核心问题是使知识在欧洲研究区内自由流动。欧洲研究区通过共同利益将成员国聚合起来,使知识在其中有效流动,提高欧洲的创新能力和竞争力。

2012年7月17日,欧盟委员会发布了题为"加强欧洲研究区伙伴关系,促进科学卓越和经济增长"的政策文件,欧盟委员会副主席卡洛斯和欧盟科研委员奎恩出席了发布会并强调了要加快建成统一的欧洲研究区的决心。根据发布的政策文件,欧盟成员国应采取必要措施,确保国家科研和创新资金在欧盟层面的开放性和流动性(能够随着获资助者的迁移而流动);各国科研机构的空缺岗位应通过统一的网站发布,并确保招聘程序的开放、透明和公正;各国应采取措施促进欧洲统一专利制度的建立。欧盟委员会还和欧洲研发与创新组织联合会、欧洲大学联合会、北欧科研合作组织、科学欧洲等机构发表了《共建伙伴关系,建设欧洲研究区》的联合声明,要共同促进科研信息的开放获取(Open Access),即确保欧盟及其成员国的公共资金资助产生的科研成果能够免费使用,从而促进科研成果的传播和应用。

概括来说,欧洲研究区设定了五大优先发展领域。(1)更有效的国家研究系统。包括提升国家的竞争力,维持或增加科研投入。(2)优化跨国合作和竞争。确定并执行针对重大挑战的共同研发日程,通过欧洲范围的公开竞争来提升研发质量,在全欧洲基础上有效使用关键的研究基础设施。(3)为研究者提供开放的劳动力市场。确保清除妨碍科研人员流动、培养和实现良好职业生涯的障碍。(4)在研究领域实现性别平等和性别主流化。不能再继续造成女性科研人员资源的浪费,在科研和培养人才方面的观念和方式应该更灵活。(5)优化科学知识的流通、获取和转化。包括通过实现电子欧洲研究区的方式。保证所有人都能获得知识。欧盟要求所有成员国履行"遵循欧洲研究区标准"的原则(ERA Compliance)。成员国应在国民经济改革方案中体现上述五大优先发展领域,并纳入"欧洲学期"的监管机制中。欧盟对欧洲研究区的阶段性评价也主要是评判上述五个领域的发展情况。

欧洲研究区从开始建设以来,一直围绕促进研究人员、科学和技术知识的自由流通,及协调各国研究行为和研究政策、增进创新相关主体之间的联系开展,目标越来越清晰,治理措施越来越具体,监管机制也越来越完善。

作为欧盟研发框架计划的第六框架计划(2002—2006 年),欧洲研究区建设也随着欧盟研发政策的改革而更新。第七框架计划(2007—2013年)以通过科技进步实现《里斯本战略》为最主要的战略指导思想,继续按照欧洲科技共同体的理念,持续关注并跟进欧洲研究区的建设。与此同时,第七框架计划承接了第六框架计划的多项重要研究成果,具有承前启后的跨时代作用。

2013 年 12 月 11 日,被命名为"地平线 2020"计划的第八框架计划正式发布实施,预算总额达到 770 亿欧元。面对新时期的新挑战,"地平线2020"重新设计了整体研发框架,聚焦卓越科学、工业领袖和社会挑战三大战略目标,简化和统一了旗下所属的各个资助板块,保留了合理的政策,简化了难以操作或重复烦琐的项目申请和管理流程。其目标是确保欧洲在科研领域处于顶尖的地位,扫清创新过程遇到的障碍,在创新技术向生产力转化的过程中推动私营企业与公众平台的协同工作。具体实施计划为:一是帮助研究人员实现研究设想,支持其获得科研上新的发现、突破和创新;二是促进新技术从实验室到市场的转化。

2017 年 7 月,在对"地平线 2020"评估的基础上,欧委会又组织以雅克德洛尔研究所名誉主席 Pascal Lamy 为首的高级别专家团组就未来欧盟科研发展的战略方向以及如何进一步增强欧盟第九框架计划影响力开展了独立调研,形成俗称的 LAMY 报告(戴乐、董克勤,2018)。欧委会于2018 年 6 月 7 日采纳并对外公布欧盟第九框架计划"地平线欧洲"(2021—2027 年)的整体计划,并于 2021 年 1 月 1 日正式运行。其总体目标是,通过研发创新投资产生科学、经济和社会影响,进而加强欧盟科技基础,培育欧盟竞争力,落实欧盟战略要务,为应对全球性挑战献力。其具体目标有四方面:一是为创造和扩散高质量的新知识、新技能、新技术和新的全球性挑战解决方案提供支持;二是加强研发创新在制定和执行欧盟政策方面的影响,并加强创新成果在产业和社会中的应用,以应对全球性挑战;三是促进包括突破性创新在内的各类创新,强化创新成果市场化;四是优化框架计划的实施,强化欧洲研究区,提高欧洲研究区的影响力。

5.日本东京湾区的产业与科技创新

东京湾区包括"一都三县",即东京都、神奈川县、千叶县和埼玉县,陆地面积1.36万平方千米,占日本陆地面积的3.62%,经济总量占据全国的1/3,汇聚了日本的钢铁、有色冶金、炼油、石化、机械、汽车、电子、造船等主要工业部门。东京湾沿岸由横滨港、东京港、千叶港、川崎港、木更津港、横须贺港等6个港口首尾相连,形成马蹄形港口群。湾区拥有发达的交通网络,包括完善的高速公路、密集的地铁轨道交通。首都高速都心环状线、首都高速道路中央环状线、东京外围环状道路、首都圈中央联络公路等4条环状道路和9条放射状道路,组成东京湾区高速公路网络。东京地铁、近郊地铁、市郊铁路,总里程超过5500千米。东京湾区内拥有羽田机场和成田机场两大国际空港,且运输能力高于日本其他多数机场。目前东京湾区是世界上人口最多、城市基础设施最完善的第一大都市圈,城市化率超过80%。

湾区经济发展方面,东京湾区产业结构经历了港口经济、工业经济、服务经济和创新经济四个发展阶段。20世纪80年代之前主要是临港工业经济,之后逐步转型为知识密集型创新经济。以东京都为核心区定位为对外贸易、金融服务、高科技产业等中心,横滨、川崎等城市承接附加值相对较低的一般制造业部门,形成了产业布局均衡、第三产业为主、高端制造业发达的产业结构体系。当前,日本三菱、丰田、索尼等年销售额在100亿元以上的大企业近50%都聚集于此,是日本制造业的核心区域。湾区科技创新方面,东京湾区内拥有东京大学、早稻田大学、东京都市大学、横滨国立大学等120多所大学,占日本大学总量的20%以上,集聚了大量高科技创新人才,为科技创新提供了智力保障。湾区内重视大学集群和产业集群之间的互动互促,企业为高校提供大量研究经费,赋予高校和科研机构更大的行政自主权力。建立大学科技转让机构(Technology Licensing Organization,TLO),将促进高校科技转化作为突破口,负责挖掘、评估、选择具有产业潜能的研究成果,将大学的研究成果转让给企业,破解高校科技成果转化率低难题。

第二节 长三角省(市)域科技创新资源与产业优势比较

一、长三角地区科技创新合作的总体规划原则

长三角地域相连、经济相融、文化相近、人缘相亲,具有区域一体化发展的内在优势。三省一市通过"长三角区域创新体系建设联席会议",建立协调机制,拓展资源共享,共同推进区域创新体系建设。2018年初,三省一市政府签署《关于共同推进长三角区域协同创新网络建设合作框架协议》,出台《长三角区域协同创新网络建设行动计划(2018—2020年)》,推动长三角高质量一体化发展取得积极成效。一是联合推进重大科研任务布局,聚焦长三角区域公共安全、民生保障、生态治理等公共领域科技支撑和集成电路、信息通信技术、高端装备、节能环保、生命健康、新材料等战略性新兴产业共性关键技术,开展合作研究,联合攻克一批核心技术。二是携手推进区域内大科学装置建设,已建成蛋白质研究中心、上海光源、全超导托卡马克、稳态强磁场、合肥同步辐射、上海和无锡超算中心等科技设施。三是推进大型仪器设备、科技文献等科技资源共享平台建设。四是试行科技创新券长三角通用通兑。五是联动促进科技成果跨区域转移转化,支持上海技术交易所、江苏省技术产权交易市场、浙江科技大市场和安徽

科技大市场等建立长三角技术交易市场联盟,开展长三角技术转移服务人才交流与培训。六是联合举办长三角国际创新挑战赛等科技成果转化对接活动,促进科技要素跨区域高效流动。

二、长三角省(市)域科技创新的资源优势比较

长三角地区形成了以"上海科技创新中心(筹建)—张江、合肥两大综合性科学中心—闵行、苏南、杭州、宁波等国家科技成果转移示范区"为布局的协同联动机制。本节从科技创新生态网络层面分析长三角各省(市)域在创新主体、创新知识、创新联系通道、创新空间(距离、临近性)等方面的优势、不足,尤其是比较各省(市)在 R&D 经费、R&D 人员、研发机构等领域的资源配置状况以及在创新链中的区位优势。

1.三省一市科技创新资源投入产出情况

R&D 经费投入是科技创新的重要保障,长三角地区 R&D 经费投入逐年增长,三省一市 2016—2020 年依次达到 4681.95 亿元、5296.53 亿元、5958.27 亿元、6727.90 亿元、7363.40 亿元,均占同期全国 R&D 经费支出的 30% 左右(见表 1.3)。

表 1.3　2016—2020 年长三角 R&D 经费投入情况

单位:亿元

年份	R&D 经费投入					
	浙江	江苏	安徽	上海	三省一市	全国
2016	1130.63	2026.87	475.13	1049.32	4681.95	15676.70
2017	1266.34	2260.06	564.92	1205.21	5296.53	17606.10
2018	1445.69	2504.43	648.95	1359.20	5958.27	19677.90
2019	1669.80	2779.52	754.03	1524.55	6727.90	22143.60
2020	1858.59	3005.93	883.18	1615.70	7363.40	24393.10

注:以上数据来源于上海、江苏、浙江、安徽的统计年鉴。

具体到长三角区域内部,三省一市在 R&D 经费投入规模方面存在较

大差异。如图 1.1 所示,2016—2020 年三省一市 R&D 经费呈逐年增长态势,在投入规模上,江苏始终保持第一名地位。2016 年,江苏、浙江、上海、安徽的 R&D 经费投入依次为 2026.87 亿元、1130.63 亿元、1049.32 亿元、475.13 亿元;到 2020 年各省的 R&D 投入经费增长到 3005.93 亿元、1858.59 亿元、1615.70 亿元、883.18 亿元。从次序来看,浙江长期处于第二位,但与江苏 R&D 经费投入规模的差距在拉大,2016 年两省 R&D 经费投入差距为 896.24 亿元,2020 年扩大到 1147.34 亿元。另外,上海的 R&D 经费投入增长较快,在投入规模上有赶超浙江的趋势。

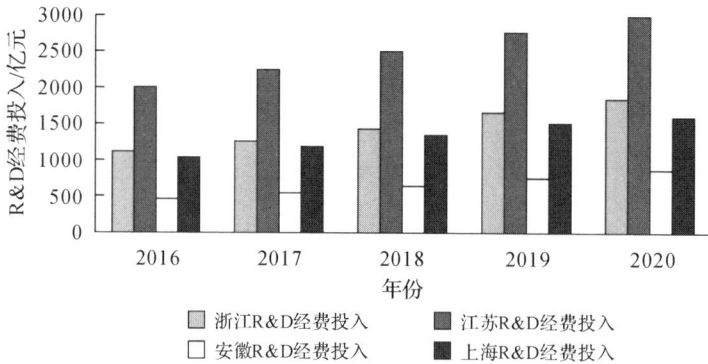

图 1.1 2016—2020 年三省一市 R&D 经费投入情况

R&D 人员是科技创新的重要力量、知识创新的主体,图 1.2 显示了 2016—2019 年三省一市 R&D 人员投入增长情况。从增量来看,三省一市 R&D 人员投入都呈增长态势,其中浙江、江苏增长较快。江苏 R&D 人员全时当量规模最大,2016 年已达到 54.34 万人年,至 2019 年增长到 63.52 万人年;浙江 R&D 人员全时当量增长快速,由 2016 年的 37.66 万人年增长到 2019 年的 53.47 万人年。浙江 R&D 人员全时当量投入与江苏的差距由 2016 年的 16.68 万人年缩小至 2019 年的 10.05 万人年。

科技创新产出方面,发明专利授权量、新产品销售收入规模是衡量区

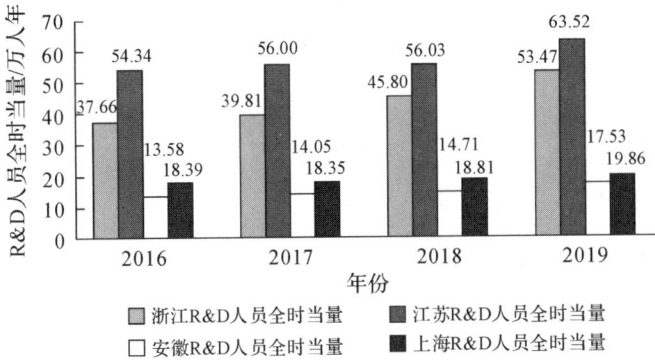

图 1.2 2016—2019 年三省一市 R&D 人员投入情况

域科技创新水平的重要指标。图 1.3 显示了 2016—2020 年三省一市发明
专利授权量增长情况。从总量来看,近 5 年各省(市)发明专利授权量都呈
增长态势,三省一市发明专利授权总量由 2016 年的 104922 件增长到 2019
年的 113356 件,增长规模超过 1.08 倍。从各省市来看,2016—2019 年江
苏一直处于第一位,浙江次之,上海第三,安徽最低,到 2020 年,浙江的发
明专利授权量反超江苏,排在第一位。浙江近 5 年专利授权量增长速度较
快,由 2016 年的 26576 件增长到 2020 年的 49888 件,增长规模超过 1.87

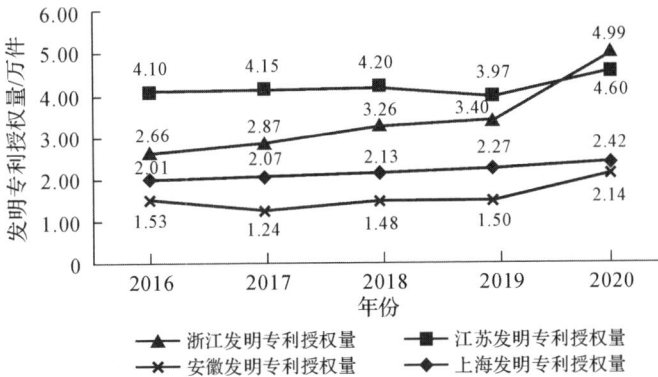

图 1.3 2016—2020 年三省一市发明专利授权量

倍，2020 年发明专利授权量超出江苏 3913 件。

科技创新的阶段包括上游知识发现、中游技术开发和下游的成果应用及其产业化。一项科技创新成果只有最终经过技术应用并实现产业化，才能体现创新的价值。新产品销售收入作为科技创新成果应用及产业化的重要指标，体现了一个地区科技创新的产出水平。长三角地区 R&D 经费投入、R&D 人员投入、发明专利授权量在整个国家层面都占据着较大的比重，选取规模以上工业企业新产品销售收入作为长三角区域科技创新产出的重要指标，体现了各省（市）的科技创新水平。从图 1.4 来看，三省一市规模以上工业企业新产品销售收入呈逐年增长态势，总规模由 2016 年的 65836.20 亿元增长到 2019 年的 76040.81 亿元。从省际来看，江苏依然是排在第一位，2019 年新产品销售收入在长三角区域中占比达到 40%；浙江排在第二位，2019 年新产品销售收入达到 26099.37 亿元，在长三角区域中占比达到 34%。上海、安徽规模以上工业企业新产品销售收入规模在 2019 年拉开差距，上海规模以上工业企业新产品销售收入规模超过安徽 442.40 亿元。具体数据如表 1.4 所示。

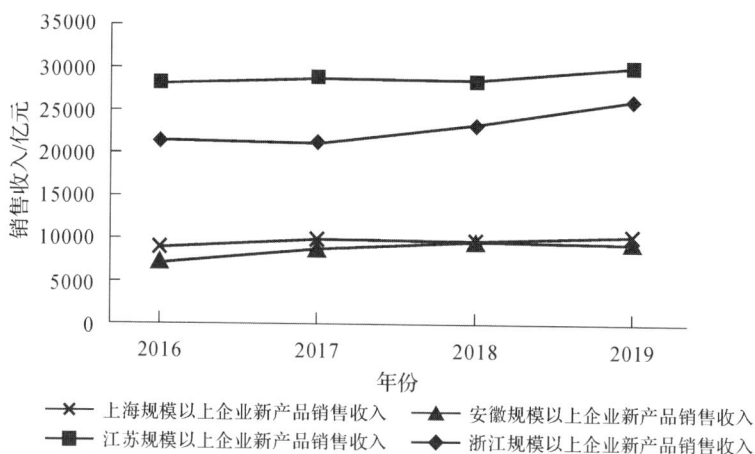

图 1.4　2016—2019 年三省一市规模以上工业企业新产品销售收入

表 1.4　2016—2019 年三省一市规模以上工业企业新产品销售收入

单位:亿元

年份	规模以上工业企业新产品销售收入			
	浙江	江苏	安徽	上海
2016	21397.00	28084.67	7321.05	9033.48
2017	21150.00	28579.02	8843.08	10068.15
2018	23308.00	28425.04	9532.39	9796.73
2019	26099.37	30101.94	9698.55	10140.95

2. 三省一市主要创新资源横向比较分析

科技创新需要一定的人、财、物资源,完善的配套服务,适宜的创新环境以及支撑创新的产业经济基础。沪苏浙皖在科技创新资源配置、产业发展基础方面有自身的特色优势和短板不足。通过横向比较,可以理清三省一市在区域科技创新方面的能力和潜力。表 1.5 梳理总结了 2020 年长三角三省一市主要创新资源的配置情况。第一,国家重点实验室配置方面,三省一市共有国家重点实验室 93 个,其中上海 44 个、江苏 28 个、浙江 10 个、安徽 11 个。第二,在高层次人才、重点高等学校配置方面,截至 2020 年三省一市共有中国两院院士 379 人,其中上海最多,达到 184 人,江苏次之为 102 人,浙江 55 人,安徽 11 人。985&211 高校 35 所,其中上海最多,985&211 合计 16 所;浙江最少,仅有浙江大学为 985&211 高校。[①] 第三,从科研经费、科研机构及科研产出来看。2020 年三省一市 R&D 经费支出总额达到 7363.4 亿元,其中江苏投入规模最大,远超浙江、上海 1000 亿元以上,达到 3005.93 亿元,占比为 40.1%;安徽最低,仅有 883.18 亿元。在每万人发明专利拥有量方面,上海每万人发明专利拥有量为 60.2 件,江苏为 36.1 件,浙江为 34.1 件,安徽最低,仅有 15.4 件。第四,从经济发展实

---

① 985 高校同时又属于 211 高校,统计上有交叉。这里仅仅反映过去长三角重点高校区域分布情况,目前主要看国家"双一流高校"布局情况。

力来看,2020 年三省一市 GDP 总量达到 244713.5 亿元,占全国 GDP 总量 986515 亿元的 24.8%。江苏 GDP 规模最大,达到 102719 亿元,浙江为 64613.3 亿元,上海和安徽规模相当,分别为 38700.6 亿元、38680.6 亿元。在上市公司和中国民营企业 500 强方面,浙江拥有 457 家上市公司、96 家 500 强民营企业,排在第一位;江苏排在第二位,分别有 428 家和 90 家;上海排在第三位,分别有 309 家和 16 家;安徽最少,仅有 105 家上市公司和 4 家 500 强民营企业。第五,从区域创新能力来看,2020 年江苏区域创新能力(综合效用值)最强,达到 49.59;第二位是上海,为 44.59;第三位是浙江,为 40.32;最低是安徽,为 30.67。

表 1.5　2020 年长三角三省一市主要创新资源比较

主要创新资源	江苏	浙江	安徽	上海
国家重点实验室/个	28	10	11	44
中国两院院士/人	102	55	38	184
GDP/亿元	102719.0	64613.3	38680.6	38700.6
高校数量(985&211)/个	2&11	1&1	1&3	5&11
每万人发明专利拥有量/件	36.1	34.1	15.4	60.2
R&D 经费支出/亿元	3005.93	1858.59	883.18	1615.70
上市公司/个	428	457	105	309
中国民营企业 500 强/个	90	96	4	16
中国区域创新能力(综合效用值)	49.59	40.32	30.67	44.59

注:国家重点实验室、中国两院院士和上市公司数量统计截至 2019 年底。

在科技创新资源中,高等学校是科学知识发现的源头,同时又为科技创新培养出大量的人才。在旧金山湾区、纽约湾区、东京湾区科技创新实践中,拥有大量创新能力强的高等学校是必备资源。根据当前世界科技创新的发展趋势和高等教育的发展特点,党中央、国务院在新的历史时期,为提升我国教育发展水平、增强国家核心竞争力、奠定长远发展基础,做出建设世界一流大学和一流学科的重大战略决策。2015 年 10 月,国务院印发《统筹推进世界一流大学和一流学科建设总体方案》,提出"以一流为目标、以学科为基础、以绩效为杠杆、以改革为动力",对统筹推进世界一流大学和一流学科建设做出战略部署。2017 年 1 月,教育部、财政部、国家发改委印发《统筹推进世界一流大学和一流学科建设实施办法(暂行)》,对"双一流"遴选条件、遴选程序、支持方式、管理方式、组织实施等做出具体规定。2017 年 9 月,教育部、财政部、国家发改委联合发布《关于公布世界一流大学和一流学科建设高校及建设学科名单的通知》,正式公布世界一流大学和一流学科建设高校及建设学科名单,首批"双一流"建设高校共计137 所,其中世界一流大学建设高校 42 所(A 类 36 所,B 类 6 所),世界一流学科建设高校 95 所;双一流建设学科共计 465 个(其中自定学科44 个)。

本节梳理了长三角地区"双一流"建设高校名单,如表 1.6 所示。三省一市共有"一流大学建设高校"8 所、"一流学科建设高校"26 所,共计34 所。从区域分布来看,"双一流"高校在长三角地区分布不均衡,江苏15 所,上海 13 所,浙江和安徽各自仅有 3 所。如图 1.5 所示,这一结果再次暴露了浙江在高等教育上的巨大短板,不利于在科技创新中占据优势。

表 1.6　长三角三省一市国家"双一流"建设高校名单

"双一流"大学和学科	上海	江苏	浙江	安徽	长三角合计
一流大学建设高校	复旦大学、同济大学、上海交通大学、华东师范大学	南京大学、东南大学	浙江大学	中国科学技术大学	8

续表

"双一流" 大学和学科	上海	江苏	浙江	安徽	长三角 合计
一流学科 建设高校	华东理工大学、东华大学、上海海洋大学、上海中医药大学、上海外国语大学、上海财经大学、上海体育学院、上海音乐学院、上海大学	苏州大学、南京航空航天大学、南京理工大学、中国矿业大学、南京邮电大学、河海大学、江南大学、南京林业大学、南京信息工程大学、南京农业大学、南京中医药大学、中国药科大学、南京师范大学	中国美术学院、宁波大学	安徽大学、合肥工业大学	26
总计	13	15	3	3	34

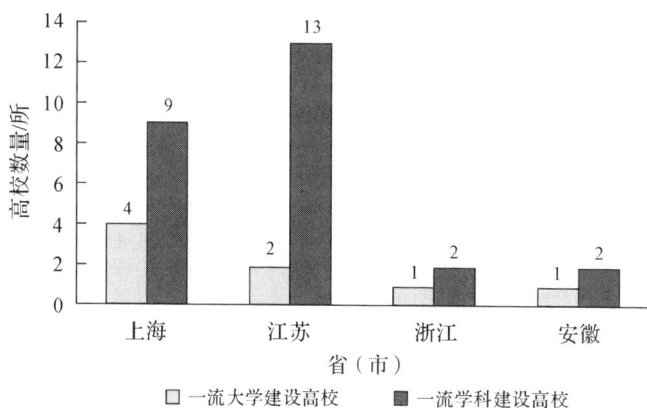

图 1.5 三省一市"双一流"高校分布

通过以上对三省一市科技创新资源的横向比较分析,不难得出以下几点结论:一是从科技创新资源总体规模比较来看,江苏在经济总量、R&D经费投入、国家重点实验室、两院院士、新型研发机构、"双一流"建设高校、区域创新能力等方面,都排在前列,一些指标远超其他省份。二是从区域面积、人口规模、人均水平等方面比较来看,上海在经济总量、每万人专利拥有量、R&D经费投入强度、国家重点实验室等方面,都优于其他省份,显示出具有丰富的科技创新资源。三是浙江在两院院士、上市公司、民营企业 500 强等指标方面具有优势,但在国家重点实验室、双一流高校数量、R&D 经费投入强度、新型研发机构等指标方面劣势明显。四是安徽在科技创新资源配置方面总体较弱,但拥有的国家大科学装置数量最多,其他科技创新资源指标近些年快速增长,对浙江的追赶态势也愈加明显。

三、长三角省(市)域科技创新的产业优势比较

科技成果产业化是创新链中的关键一环,只有推动产业与科技创新的深度融合,才能最大程度体现科技创新的价值。长三角地区传统制造业基础深厚、战略性新兴产业发展迅速但不均衡。各省(市)争相发展电子信息、生物医药、新能源、新材料、高端装备等产业,本小节将从产业基础、创新能力、国际竞争潜力等层面比较各省(市)的产业优势。

产业联盟以较低的风险实现较大范围的资源调配,成为企业优势互补、拓展发展空间、提高产业或行业竞争力,实现超常规发展的重要手段。长三角一体化的重要基础是区域内产业合作与联动发展,而组建多样化产业联盟是进一步密切行业产业协同合作的发力点之一。表 1.7 梳理了长三角一体化进程中已经成立的各类产业联盟,这些产业联盟为区域产业协同创新提供了交流合作平台。其中,聚焦于科技协同创新的 G60 科创走廊,积极搭建产业园区联盟,充分利用科技、人才等高端资源,发展飞地经济,探索异地投资、设立孵化基地和协同创新中心。浙江省相关行业积极加入长三角产业联盟,特别是 G60 科创走廊加强了各成员单位创新资源的集聚和公共服务共享,为嘉兴、杭州、湖州、金华等城市全面承接上海和合肥等科技成果转化、吸引高端科技人才奠定了基础。

表 1.7　长三角地区主要产业联盟

联盟名称	成立地点	成立时间
长三角大数据产业联盟	江苏南通	2017 年 11 月
长三角体育产业联盟	江苏南京	2017 年 12 月
长三角工业互联网产业联盟	上海	2018 年 6 月
长三角时尚产业联盟	上海	2018 年 10 月
长三角创意（产业）园区联盟	上海	2018 年 11 月
长三角健康产业联盟	上海	2018 年 12 月
长三角文旅产业联盟	上海	2018 年 12 月
长三角机器人产业平台创新联盟	上海	2019 年 3 月
长三角新能源汽车产业链联盟	浙江杭州	2021 年 5 月
长三角集成电路产业链联盟	江苏无锡	2021 年 5 月
长三角生物医药产业链联盟	江苏无锡	2021 年 5 月
长三角人工智能产业链联盟	江苏无锡	2021 年 5 月
G60 科创走廊新材料产业技术创新联盟	浙江金华	2018 年 11 月
G60 科创走廊机器人产业联盟	安徽芜湖	2018 年 12 月
G60 科创走廊智能驾驶产业联盟	江苏苏州	2019 年 4 月
G60 科创走廊新能源和网联汽车产业联盟	安徽合肥	2019 年 4 月
G60 科创走廊新能源产业联盟	安徽宣城	2019 年 4 月
G60 科创走廊人工智能产业联盟	上海松江	2019 年 5 月
G60 科创走廊生物医药产业联盟	浙江杭州	2019 年 5 月
G60 科创走廊集成电路产业联盟	江苏苏州	2019 年 6 月
G60 科创走廊产业园区联盟	江苏苏州	2019 年 6 月
G60 科创走廊专精特新中小企业协作联盟	上海	2021 年 11 月

1. 上海科技创新的产业优劣势分析

长三角一体化上升为国家战略以来,上海积极推动制订长三角一体化发展三年行动计划,共建 G60 科创走廊等一批区域合作平台,省际对接道路贯通、市场体系建设等一批重点合作项目取得新进展,协同创新网络共建共享、生态环境联防联治等持续加强。着力提升科技创新中心的集中度和显示度。以全球视野、国际标准推进张江综合性国家科学中心建设,集聚更多的国际先进水平实验室、科研院所和研发机构,加快建立世界一流的大科学设施群,持续建设张江科学城。加强基础研究和应用基础研究,实施一批科技创新重大项目和国际大科学计划。制定实施科技创新中心建设深化方案。加快组建国家实验室,建成并开放软 X 射线、活细胞成像平台等大科学设施,全面启动张江科学城第二轮 82 个项目建设,加快形成张江综合性国家科学中心基础框架。促进创新链与产业链深度融合,全面实施集成电路、人工智能、生物医药"上海方案",集聚高水平研发机构,加快形成一批聚焦关键核心技术、具有国际先进水平的功能型研发转化平台。推进张江国家自主创新示范区建设,提升紫竹、杨浦、漕河泾、嘉定、临港、松江 G60 科创走廊等区域创新发展能级,支持大学科技园做大做强,加快形成一批引领产业发展的科技创新中心重要承载区。推进众创空间建设,加快形成更有活力、更加便捷、更富成效的大众创业万众创新局面。深化全面创新改革试验,健全知识产权保护体系,加快形成适应创新驱动发展要求的制度环境。

从科技创新产业发展优势来看,上海科技创新平台大、国际化程度高、政策自由度相对较高,在全国数字人才数量上稳居首位。优势产业主要体现在:(1)金融业。从 2019 上半年的数据来看,在金融增加值的规模、金融业 GDP 增速、金融增加值占 GDP 的比重上,上海都稳居首位。(2)互联网行业。2019 年 12 月初,工信部发布了《2019 年 1—10 月互联网和相关服务业运行情况》报告,显示上海互联网行业收入以同比增长 37.1% 的增速,超越浙江、北京、江苏、广东,居东部地区第一位。(3)汽车业。2019 年,上汽集团全年累计销量 623.79 万辆,同比 2018 年下降 11.54%。具体来看,合资公司板块上汽大众、上汽通用两大巨头全年销量均出现同比下降,其中上汽大众全年销量 200.1 万辆,相比 2018 年 206 万辆的成绩同比下降了 2.86%,上汽通用全年销量 160 万辆,相比 2018 年 197 万辆的成绩下降了 18.78%。当然,单纯看数据,上汽集团依然还是国有车企中的领军企业。600 多万辆的总年销量,证明上汽的家底依然非常厚实。(4)钢铁业。上海宝钢位居世界钢铁行业前三,奠定了世界级的地位。

创新劣势主要表现在:(1)基础研究投入不足。2018 年,上海基础研究投入 102.65 亿元,占所有研发投入的 7.8%。放眼全球,英国、美国、韩国、日本、以色列 2017 年基础研究投入占比分别为 18.1%、17.0%、14.5%、13.1%、11.3%,均在 10% 以上。(2)企业创新能力有待提升。2018 年,上海规模以上工业企业研发经费与主营业务收入比为 1.39%,与发达国家的差距比较大,如韩国、日本、美国企业平均研发强度分别高达 3.62%、2.52%、2.04%。此外,上海缺少标杆性高研发投入企业。《2018 年度欧盟产业研发投入记分牌》显示,全球排名前 2500 位的高研发投入企业中,上海企业有 38 家,其中研发投入最大的是上汽集团,排名全球第 104 位。

2. 江苏科技创新的产业优劣势分析

2019 年以来,江苏深入实施创新驱动发展战略,加快突破关键核心技术,着力推动科技与经济结合、成果向产业转化。全社会研发投入超过 2700 亿元,占 GDP 比重达 2.72%,其中企业研发投入占比超过 80%。高新技术企业达 2.4 万家,净增近 6000 家;万人发明专利拥有量达 30.2 件,同比增加 3.7 件。科技进步贡献率 64%,区域创新能力位居全国前列。未来网络试验设施、高效低碳燃气轮机试验装置、纳米真空互联实验站等重大创新平台建设取得新的进展,创建国家首个车联网先导区,国家级孵化器数量及在孵企业数均保持全国第一。新产业新业态新模式蓬勃发展,大众创业、万众创新深入推进。数字经济规模达 4 万亿元,商务服务业、软件和信息技术服务业、互联网和相关服务业营业收入分别增长 9.4%、

18.8％和23.4％。全年新登记市场主体184.1万户、平均每天5044户,其中,企业54.3万户、平均每天1488户。

全面提升苏南国家自主创新示范区创新引领能力,充分发挥省产业技术研究院、技术产权交易市场等平台作用,加快打造一批产业创新中心,促进新型研发机构发展。大力推动创新平台向专业化、精细化方向发展,构建一批高层次的开放、协同、高效、共性技术研发平台,实施一批重大科技成果转化项目,建设一批军民融合创新示范区和重点项目、示范企业,让更多创新成果在江苏落地生根、开花结果。着力构建一流的创新生态。进一步完善科技创新激励机制,健全知识产权保护体系,抓好"科技改革30条"等政策落实,推广省级科研经费和项目管理改革试点经验,加大研发费用加计扣除、无形资产成本税前摊销、首台(套)重大技术装备保险试点等政策落实力度。认真落实"人才新政26条"等政策措施,深入实施科技企业家支持计划,以人才高地支撑创新高地。

聚焦工程机械、集成电路、高端装备、生物医药、物联网、前沿新材料等13个先进制造业集群,实施一批强链、补链、延链项目,全力提升产业基础能力和产业链现代化水平。深入推进"百企引航""千企升级"行动计划,加快培育一批单项冠军、"隐形冠军"和专精特新"小巨人"企业。着力加大技术改造力度。以"三化一补两提升"为方向,开展大规模技术改造,提升企业内在素质,激发企业内生动能。大力发展"5G＋工业互联网",实施智能制造工程和制造业数字化转型行动,推动工业化与信息化深度融合,促进"江苏制造"向"江苏智造"转变。

从产业科技创新优势来看江苏省,一是实体经济发达,工业百强县,江苏占1/4。二是相关政策出台较早。早在2016年江苏"十三五"科技创新规划就提出要深入实施创新驱动发展战略。三是拥有丰富的科教资源,高等学校数量众多,"双一流"建设高校数量远超浙江、安徽。四是区域创新能力较强,仅次于广东和北京。

　　江苏省内部分城市主导产业、优势产业、特色产业发展强劲,创新需求量大。具体如下:(1)苏州市。优势产业:电子信息。苏州目前拥有苏州工业园区、苏州高新区、昆山开发区、吴江开发区、吴中开发区、常熟东南开发区共6个省级电子信息产业基地。(2)昆山市。优势产业:电子信息、智能制造、小核酸及生物医药。2019年全国制造业百强县(市)排名第一。昆山拥有1个千亿级IT(通信设备、计算机及其他电子设备)产业集群和12个百亿级产业集群。截至2020年8月,昆山小核酸及生物医药产业园承担了各类国家级项目30个,包括1个863项目和22个重大科技专项;建立了亚洲最大的小核酸药物品种线,开展创新药物及医疗器械临床研究20多个。(3)江阴市。优势产业:金属新材料、装备制造、高档纺织和服装、船舶和海工装备。无锡江阴领航中国县级市经济。民营经济发达,制造业强。江阴有10家中国500强企业、17家中国制造业500强企业,以及49家上市公司。上市公司有哈工智能、长电科技、华西股份、法尔胜等。其中长电科技是中国最大的集成电路生产企业。(4)张家港市。优势产业:绿色能源、钢铁。作为国家级绿色能源产业基地,张家港集聚了协鑫科技、爱康集团等国内领先的绿色能源规模企业。如今,张家港主导产业已由传统的冶金、纺织、机电、化工等转变为化合物半导体、绿色能源、智能装备等。张家港还是中国钢铁产业基地,境内有沙钢集团、韩国浦项钢铁、陶氏化学等大型企业。(5)无锡市。优势产业:信息技术产业(集成电路)。无锡是全国较早发展以物联网、集成电路、软件、云计算、大数据等为主要内容的新一代信息技术产业的城市。2017年全市物联网相关企业超过2000家,从业人员突破15万人,营业收入超过2000亿元,接近全省的1/2、全国的1/4;规模以上集成电路企业突破100家,集成电路产值达到890亿元,位居全国前列、全省第一。(6)泰州市。优势产业:医药、机电(船舶)、化工。泰州的"中国医药城"是中国唯一的国家级医药高新区,3名生物医药类诺贝尔奖获得者、5名世界著名药企CEO担任"中国医药城"顾问。船舶产业已成为泰州市对 GDP 增长贡献份额最大的产业。"扬子江船业"成为首家登陆台湾地区资本市场的大陆企业。泰州梅兰化工集团是国内最大的氟化工产品生产基地之一。陵光石化集团原油年加工能力为 500 万吨,拥有全国最大的甲乙酮生产装置。中丹集团靛蓝产品生产规模居世界第一。(7)海安县。优势产业:建筑业。该市累计获得全国性 BIM 奖项 14 个,国家行业标准 3 项,国家级 QC 成果奖 80 项。(8)徐州市。优势产业:新能源产业。华清新能源公司是一家致力于固体氧化物燃料电池技术产业发展和创新的企业,也是我国第一家进入固体氧化物燃料电池的企业,拥有自主知识产权,其独有技术已具备完整的产业化条件。目前该公司在徐州的生产基地可年产电池片 20 万片,2022 年将达到 100 万片,是我国目前最大的固体氧化物燃料电池生产基地。

从产业科技创新劣势方面来看,(1)江苏产业核心技术较少。产业以加工制造业为主,"两头在外",产业大多处于劳动密集型组装加工的产业链低端,知识产权密集型产业增加值占 GDP 比重为 23%,低于美国 35% 的水平。(2)企业绝大多数缺乏自主品牌和核心技术。尤其是大多数出口企业属于贴牌和代工,自主品牌比重略高于 15%,而浙江达到 25%,广东接近 23%,韩国已超过 60%。(3)科技成果转化不畅。江苏专利申请量和授权量全国领先,但科技成果转化率只有 10% 左右。(4)江苏人才资源高度集聚。但是高层次创新创业人才、特别是具有国际竞争力的"高精尖"人才紧缺,一流大学和高端成果缺乏。(5)苏南苏北的科技创新能力差距较大。

3. 浙江科技创新的产业优劣势分析

浙江加快落实长三角一体化发展国家战略,坚持全省域全方位融入长三角,充分发挥浙江体制机制、对外开放、数字经济、绿水青山、民营经济等优势,制定浙江推进长三角一体化发展行动纲要,共同打造长三角一体化发展示范区。坚持创新强省,强化高新企业、高新技术、高新平台支撑,大力引进高端人才,打造"产学研用金、才政介美云"十联动创业创新生态圈,加快建设"互联网＋"科技创新高地、生命健康科技创新高地、新材料科技创新高地,深化科技奖励制度改革,设立浙江科技大奖。加快建设杭州、宁波、温州国家自主创新示范区,提升高新区,打造科技城,联动推进杭州城西科创大走廊和钱塘江金融港湾建设,培育宁波甬江科创大走廊、温州环大罗山科创走廊。全面推广科技创新新昌模式。深入实施"双倍增"计划,新增高新技术企业 2000 家、科技型小微企业 6000 家。充分发挥浙江大学引领带动作用,大力支持之江实验室、西湖大学、清华长三角研究院、中科院宁波材料所、阿里达摩院等建设,加强基础研究,推动科研机构、实验室向社会开放,着力解决关键核心技术"卡脖子"问题。

2020 年,面对国际国内形势的深刻变化特别是突如其来的新冠肺炎疫情,浙江坚持"两手硬、两战赢",以"互联网＋"、生命健康、新材料三大科创高地为主攻方向,实行超常规举措,奋力夺取创新高分报表,取得了统筹疫情防控和科技创新的新成效。预计全省 R&D 经费投入达 1840 亿元,同比增长 10.2%,研发投入强度达 2.8%;高新技术产业实现增加值 9960.53 亿元,同比增长 9.7%,增速高于规上工业 4.3 个百分点。先后部署实施重大应急专项 9 个、省基金应急项目 12 项,落实省财政科技资金补助 5218 万元,引导市县、企业等投入研发经费约 10 亿元,在较短时间内取得了一批"全省首个""全国首次""全球首例"的硬核成果。入选国家引才计划建议名单的外国专家入选达 46 名,约占全国总入选数的 40%,连续七年保持全国第 1,入选科技部科技创新创业人才数全国第 1。入选国家杰青 14 人、国家优青 33 人,创历史新高。创建全国首个"国际人力资源产业园",推进"外国高端人才创新集聚区"规范化发展。全程参与科技部牵头的长三角科创共同体建设发展规划编制,起草我省行动方案。成功举办 2020 长三角一体化(网上)创新成果展系列活动,共展出三省一市最新科技成果 585 项,首次联合发布《2020 长三角区域协同创新指数》,首次组织长三角科技成果联合竞价(拍卖)活动。入选国家级"一带一路"联合实验室 2 家,入选数量在省区中排名第一。

从产业科技创新优势来看,浙江民营经济发达、科技创新的体制机制较灵活,数字经济发展势头强,科技创新平台能级较高,近几年在科技人才方面的投入力度大。具体如下:(1)杭州市。优势产业为 IT 行业。中国的 IT 城市排行榜上,杭州排第二。(2)宁波市。优势产业为半导体材料(康强电子、金瑞泓、汇丰电子)。(3)湖州市。优势产业为特色纺织业。湖州市特色纺织业重点发展真丝产品、羊绒制品、品牌家纺和功能性化纤及产业用纺织品四大领域新型建材,重点发展不锈钢棒、线材制造业,不锈钢及其他金属材质工业用管道加工业,电磁系列产品。(4)嘉兴市。优势产业为信息技术、高端装备制造(闻泰通信、卫星石化、敏实集团、加西贝拉)。(5)绍兴市。优势产业为轻纺织品(柯桥经济开发区:中国轻纺城)、高端生物医药(绍兴滨海新区)。(6)金华市。优势产业为磁性材料产业,东阳是磁性材料最大产区、国家级磁性材料特色产业基地和国家级磁性材料科技兴贸创新基地,产业总体规模居全国之首。物流业,金华物流园区日益集聚,数量及用地规模居全国前列,基本形成以义乌国际陆港、浙中公铁联运港、金义都市新区电商园等产业集聚区为主体、菜鸟电商园、传化公路港、"四通一达"总部基地为补充的 50 个物流中心或基地(含在建)。(7)衢州市。优势产业为化工业(氟硅产业)。国家科技部命名的"氟硅新材料特色产业基地"。(8)台州市。优势产业为医药医化产业。台州是全国唯一的国家级化学原料药出口基地,是全世界原料药采购的"超级市场"。

在浙江省产业科技创新面临的劣势方面,一是自主创新能力、创新产出能力相对较弱;二是高能级创新平台建设相对滞后,重点高校、研发机构数量少;三是地方政府对创新的支持力度不够;四是传统产业占比较大,转型升级、创新难度较大。

4. 安徽科技创新的产业优劣势分析

安徽积极融入长三角一体化,加强科技创新策源地建设,聚焦信息、能源、健康、环境等领域,统筹推进基础研究、应用基础研究和成果转化,促进更多前沿科技研发"沿途下蛋"。积极在有条件的市布局建设产业创新中心,加快构建科技研发、技术熟化、产业孵化、企业对接、成果落地的完整机制。支持大中小企业和各类主体融通创新,发展产业共性技术研发平台。组建一批政产学研用金一体化新型研发机构。提升安徽创新馆运营水平,全省企业吸纳技术合同成交额增长 10% 以上。提升合肥综合性国家科学中心功能,建成量子信息与量子科技创新研究院一期工程。大力推进国家实验室争创。加快建设聚变堆主机关键系统综合研究设施、合肥先进计算中心,推进合肥先进光源、大气环境立体探测实验研究设施等预研。

推进战略性新兴产业集聚发展。动态优化新兴产业重大基地布局,启动新一批重大工程、重大专项,壮大战略性新兴产业基地后续梯队。实施优势产业强链补链工程,培育引进一批产业链核心企业,支持上下游企业加强产业协同和技术合作攻关,打造卡不住、拆不散、搬不走的优势产业集群。推动国家战略性新兴产业集群提速发展。加快建设合肥国家新一代人工智能创新发展试验区,"中国声谷"入园企业超千家、营业收入超千亿元。实施未来产业培育计划,超前布局量子计算与量子通信、生物制造、先进核能等产业,加快类脑芯片、第三代半导体、聚乳酸、靶向治疗、再生医疗、非晶材料等产业化步伐。推动传统产业优化升级。加快工业互联网建设应用,创建智能工厂、数字化车间 200 个,推广应用工业机器人 6000 台。持续推动工业增品种、提品质、创品牌,培育工业精品 100 项、创新产品 500 项。推动先进制造业和现代服务业深度融合。加快发展工业设计、现代供应链管理等生产性服务业,支持发展共享生产、柔性定制、网络协同、服务外包等新业态,创建服务型制造示范企业 30 家。开展质量提升行动,设立标准化研发专项,争创国家级技术标准创新基地,加快建设国家检验检测高技术服务业集聚区,促进更多的优势企业掌握标准制定话语权。大力发展数字经济。加快建设江淮大数据中心。实施 5G 产业规划和支持政策,促进 5G 移动互联建设和 5G+产业发展。推动物联网、下一代互联网、区块链等技术和产业创新发展。深化数字经济,推进建设"城市大脑",大力发展工业 App,新增"皖企登云"企业 5000 家。

从产业科技创新优势来看,安徽一是高校众多,科创资源丰富。全省拥有中国科学技术大学等 110 所高等院校和 4000 多家科研机构,人才总量突破 800 万,研发人员超过 22 万,皖籍院士 124 人,柔性引进院士 235 人。二是拥有中国科学技术大学、合肥工业大学、类脑工程实验室等技术研发机构,技术优势明显,并且智能语音技术处于国际领先地位。在优势产业方面:(1)合肥市。优势产业为人工智能、汽车、家电。安徽重要的人工智能核心产业发展中心,人工智能领域全省领先,仅次于北上广深。自 2015 年 9 月合肥新能源汽车产业基地获批后,现已拥有"中国十大汽车集团之一"江淮汽车、"中国大客车前五强"安凯客车和"动力电池产销量全国第二"国轩高科等一批龙头企业,形成年产 12 万辆电动轿车、1.1 万辆电动客车、10 亿安时动力电池、24 万套电机生产线能力。江淮汽车继特斯拉之后攻克新能源汽车电池热管理系统——液冷技术。合肥超越青岛、顺德,成为全国最大的家电生产基地。(2)芜湖市。优势产业为工业机器人、汽车及装备制造业。工业机器人处于全国领先地位。(3)马鞍山市。优势产业为特种机器人、钢铁。马鞍山是特种机器人产业集聚地。马钢(集团)控股有限公司是我国特大型钢铁联合企业,安徽最大的工业企业。

安徽省产业科技创新劣势方面主要表现在,安徽省科技创新资源投入偏小、创新动能缓慢,新兴产业带动不足,全省研发投入 2/3 的总量集中在煤、电、钢铁等传统产业。

　　本书对三省一市产业、科技创新方面具备的优势、部分城市产业发展优势以及在更高质量科技创新一体化进程中面临的劣势、短板做了全面分析。表1.8梳理归纳了长三角三省一市的主导产业、重点培育发展的战略性新兴产业及重点拥有的部分科创平台等。

表1.8　三省一市主导产业、战略性产业和重点科创平台

产业和平台	上海	江苏	浙江	安徽
主导产业（优势产业）	服务业和制造业，如汽车、精品钢材、精细化工等产业	社会消费品零售、新能源、纺织业	制造业、数字经济核心产业、文化	智能化产业、制造业、文化产业、能源和新能源产业
培育发展的战略性新兴产业	集成电路、人工智能、生物医药、航空航天、智能制造、数字经济	先进制造业集群、智能制造工程和制造业数字化转型、信息技术	产业创新服务综合体、数字经济核心产业、"万亩千亿"新产业平台	人工智能创新发展、量子计算与量子通信、生物制造、先进核能、类脑芯片、第三代半导体、聚乳酸、靶向治疗、再生医疗、非晶材料、数字经济
重点拥有的科技创新平台	集成电路综合性产业创新基地、大飞机创新谷、东方美谷、市西软件信息园、嘉定智能传感器产业园、闵行马桥人工智能创新试验区、北外滩金融航运集聚区、市北高新园、长阳创谷、西岸智慧谷、虹桥临空经济示范区、国家实验室，建成并开放软X射线、活细胞成像平台	未来网络试验设施、高效低碳燃气轮机试验装置、纳米真空互联实验站	"1＋N"工业互联网平台、人工智能创新发展试验区等数字经济平台、杭州城西科创大走廊平台	合肥综合性国家科学中心等创新主平台、类脑智能技术及应用国家工程实验室、合肥国家新一代人工智能创新发展试验区

　　高技术产业是科技创新成果产业化的直接体现，也是世界各国竞相发展的战略性产业。长三角地区在医药制造业、航空航天器及设备制造业、

电子及通信设备制造业、计算机及办公设备制造业、医疗仪器及仪器仪表制造业等高技术产业发展方面有着深厚的基础,三省一市依据自身的发展优势,培育形成了一批战略性高技术企业。表1.9、表1.10描述了2019年三省一市规模以上高技术产业发展情况。三省一市医药制造业领域,在企业数量方面,江苏最多,有658家;其次为浙江,有456家;安徽有459家,上海有211家。在从业人员规模方面,江苏最多,有19.9万人;其次为浙江,有14.2万人;安徽有6.6万人,上海有5.8万人。在营业收入方面,江苏最高,达到3238亿元;其次为浙江,1548亿元;安徽为802亿元,上海为971亿元。在利润方面,江苏利润总额达到461亿元,浙江为231亿元,上海为149亿元,安徽为69亿元。可见,在医药制造业中,江苏在各个方面都远超沪、浙、皖三省(市)。在电子及通信设备制造业领域,长三角地区企业规模庞大,总数达到5715家,其中江苏2794家、浙江1727家、安徽730家、上海464家。在从业人员方面,江苏从业人员规模远超沪、浙、皖三省(市),达到127.4万人;浙江46.9万人、上海24.6万人、安徽19.7万人,总计91.1万人,比江苏少36.3万人。在营业收入方面,江苏达到14239亿元、浙江5148亿元、上海39189亿元、安徽2108亿元。在利润方面,江苏586亿元、浙江395亿元、上海177亿元、安徽102亿元。

表 1.9 2019 年三省一市代表性高技术产业比较(一)

指标	医药制造业				电子及通信设备制造业			
	浙江	江苏	安徽	上海	浙江	江苏	安徽	上海
企业数/个	456	658	459	211	1727	2794	730	464
从业人员平均人数/人	141956	199036	65646	58413	468751	1274334	196557	246175
营业收入/亿元	1548	3238	802	971	5148	14239	2108	39189
利润总额/亿元	231	461	69	149	395	586	102	177

在计算机及办公设备制造业领域,三省一市企业数量规模较小,仅有

516家,其中江苏282家,占比达到55%;浙江130家、上海52家、安徽52家。在从业人员规模方面,江苏最多,达到31.6万人;其次为上海,7.1万人;安徽3.8万人;浙江最少,仅有3.4万人。在营业收入方面,江苏最高,为4099亿元;其次为上海,1622亿元;安徽914亿元;浙江最少仅有420亿元。在利润方面,除江苏利润总额较大,为115亿元,其他省(市)都在25亿元以下。

在医疗仪器及仪器仪表制造业领域,三省一市企业数量规模大,总量达到2657家。其中,江苏1294家、浙江805家、上海355家、安徽203家。从业人员规模方面,江苏达到22.8万人,浙江为15.6万人、上海为5.6万人、安徽为2.3万人。在营业收入方面,江苏达到2145亿元、浙江为1234亿元,上海为643亿元、安徽为190亿元。最后,在利润总额方面,江苏为221亿元、浙江为181亿元、上海为93亿元、安徽为22亿元。

表1.10 2019年三省一市代表性高技术产业比较(二)

指标	计算机及办公设备制造业				医疗仪器及仪器仪表制造业			
	浙江	江苏	安徽	上海	浙江	江苏	安徽	上海
企业数/个	130	282	52	52	805	1294	203	355
从业人员平均人数/人	34425	315631	37905	70578	156005	228852	22852	55676
营业收入/亿元	420	4099	914	1622	1234	2145	190	643
利润总额/亿元	18	115	22	11	181	221	22	93

通过以上对三省一市高技术产业主要指标的比较分析,不难发现江苏在医药制造业、电子及通信设备制造业、计算机及办公设备制造业、医疗仪器及仪器仪表制造业等四大高技术产业发展领域,在企业数量、从业人员数量、营业收入、利润总额等四项指标上,都处于区域第一的位置。一些指标远远超过排在第二位的省(市)。浙江在上述四大高技术产业发展方面,总体判断处于第二位,有几项指标处于最低位。上海在上述指标上,大体

处于第三位,个别指标排在第二位。安徽的高技术产业发展,总体上处于区域内最后一位,一些指标与江苏、浙江相比存在较大差距。这也说明安徽虽然拥有较丰富的创新资源,但在创新成果转化、技术化应用方面,仍有较大的发展空间。

第三节　长三角科技创新共同体的结构要素、治理架构与路径构建

一、长三角科技创新共同体的结构要素

科技创新共同体是一个复杂的创新生态系统,构成要素包括科技创新的共同目标、创新资源、参与成员、网络结构、运行机制、创新环境等。《长江三角洲区域一体化发展规划纲要》明确提出深入实施创新驱动发展战略,走"科创+产业"道路,促进创新链与产业链深度融合,以科创中心建设为引领,打造产业升级版和实体经济发展高地,不断提升在全球价值链中的位势,为高质量一体化发展注入强劲动能。在构建区域创新共同体方面,提出了四个方面的路径构建,即"联合提升原始创新能力→协同推进科技成果转移转化→共建产业创新大平台→强化协同创新政策支撑"。从科技创新的过程阶段来看,《规划纲要》提出的区域创新共同体建设,就是从创新的上游、中游、下游三个环节串联起共同体构建的结构要素,即科学知识发现、技术发明、技术发明应用及产业化,此外为激励保障科技创新活动,在创新环境营造、创新资源支持等方面提供政策引导和优惠。因此,长三角科技创新共同体的构建,也就是要围绕着上述阶段来探索实现。

根据上海、江苏、浙江、安徽三省一市签署的《长三角地区加快构建区域创新共同体战略合作协议》,科技创新共同体构建的理念目标就是共同

推进"一个聚力、三个联动、一个接轨",即聚力服务国家战略,合力推进国家重大科技创新任务;实现创新计划、成果转化、创意品牌联动;通过空间接轨,共同构建长三角创新创业生态体系。实践中,三省一市通过"长三角区域创新体系建设联席会议",建立协调机制,拓展资源共享,共同推进区域创新体系建设。一是联合推进重大科研任务布局;二是联合推进区域内大科学装置建设;三是深化长三角大型科学仪器协作共用网以及专业技术服务、资源条件保障等共享平台建设,逐步构建长三角地区技术要素的网络化对接平台,充分发挥区域内资源优势,推进区域科技创新资源共享,形成创新合力;四是科技创新券长三角通用通兑;五是联动促进科技成果跨区域转移转化;六是联合举办长三角科技成果转化对接活动,促进科技要素跨区域高效流动。

二、长三角科技创新共同体的治理架构

推进长三角科技协同创新过程中,中央政府—三省一市政府—各地级市、区县政府间要形成角色分工和内在关联机制,明晰跨省(市)域科技协同创新在组织机制设计、区域利益分配共享、公共服务配套衔接等宏观层面的总体战略。以企业、高校、科研机构、政府等创新要素在不同维度聚集形成要素功能层;以依托科技园区、高新区等创新载体形成的创新廊道、创新圈为科技创新共同体物理空间层;以推动长三角区域政策一体化为目标,集成创新平台治理、技术联盟治理、创新生态治理等政策,形成创新治理层;积极塑造互通互认、资源共享、优势互补、协商共建、良性竞合的价值文化层,搭建长三角科技创新共同体的治理架构。

三、长三角科技创新共同体的路径构建

长三角科技创新共同体构建将要经历"低水平协作—中水平协同—高水平一体化"的发展阶段,每一个阶段的跃迁都是长三角区域内各省(市)

创新主体不断博弈、寻求利益平衡的过程。围绕着长三角科技创新链与产业链深度融合目标,聚焦科技创新资源共享与流动、科技创新平台共建与合作、高技术企业资格互认与合作等关键要素,从宏观、中观、微观层面构建长三角科技创新共同体的实现路径。

第二章　深化长三角区域关键核心技术 协同攻关

关键核心技术是国之重器。打赢关键核心技术攻坚战是实现高水平科技自立自强的决定性因素,对于促进高质量发展、创造未来产业、实现新旧动能转换、保障经济安全等都具有重大意义。当前,我国在发展核心技术方面同发达国家总体差距在缩小,重大创新成果竞相涌现,一些前沿领域开始进入并跑领跑阶段,科技实力正在从量的积累迈向质的飞跃,从点的突破迈向系统能力提升。但是我国基础科学研究短板依然突出,同国际先进水平的差距还很明显,关键核心技术受制于人的局面没有得到根本性改变。长三角地区是我国经济社会发展最具活力、开放程度最高、创新能力最强的区域之一,科研力量雄厚,拥有大量的高校、科研机构与平台基地,拥有丰富的科研、企业、金融等各类高端人才,同时产业门类齐全,产业链条完整,集群优势明显,有基础也有责任承担关键核心技术攻坚战主力军的战略使命,深化开展关键核心技术协同攻关,在重点领域由点到面实现互联互通、交叉融合、精准衔接,协同推动原始创新、技术创新和产业创新,合力破解关键核心技术"卡脖子"问题。

第一节　长三角联合开展关键核心技术攻关的背景

一、从国际形势看,联合攻关是应对错综复杂国际环境的必然选择

在大国博弈和全球疫情背景下,长三角产业关键核心技术攻关面临以下形势:一是美国对我国开展技术封锁。截至2021年底,美国商务部列入"实体清单"已涉及435家中国大陆机构,限制其获得美国产品和技术,意在对中国的军工、5G、芯片、核电、安防、人工智能、网络安全等多个领域进行封锁,阻碍我国技术创新和产业发展。上海依图网络科技有限公司、中国航天科工集团公司第八研究院、中芯国际集成电路制造(上海)有限公司等24家机构,江苏海思科技(苏州)有限公司、苏州热工研究院有限公司、中国电子科技集团公司第十四研究所等33家机构,浙江海康威视、大华科技、华澜微等16家机构,安徽科大讯飞股份有限公司、中国电子科技集团公司第三十八研究所、合肥宝龙达信息技术有限公司等6家机构被列入"实体清单",引发长三角相关产业断链危机。二是新冠疫情造成技术断供风险。2020年以来,新冠疫情在境外迅速蔓延恶化,各国陆续升级疫情防控措施,部分地区企业停工、物流受阻,浙江省部分产业链较长、与境外重点疫区企业协作分工和技术交流密切的企业已出现较大面积断供情况。三是全球产业链重构趋势带来技术创新挑战。从长期看,全球疫情大流行暴露的问题,将促使发达国家加快制造业回归步伐,并推动全球产业链重构,对长三角相关产业发展和技术创新带来巨大挑战。综上所述,关键核心技术的重要性、其攻关的急迫性进一步凸显。

二、从我国布局看,联合攻关是落实长三角一体化和高质量发展国家战略的重大举措

长江三角洲是我国经济发展最活跃、开放程度最高、创新能力最强的区域之一,在国家现代化建设大局和全方位开放格局中具有举足轻重的战略地位。以习近平同志为核心的党中央将长江三角洲区域一体化发展上升为国家战略,旨在进一步增强长三角的创新能力和竞争能力,带动整个长江经济带和华东地区发展,形成高质量发展的区域集群,将其强大的区域带动和示范作用充分激发出来。"一体化"要求各地需摒弃过去以我为主、各自为政的思维惯性,真正在推动协调发展、共同发展上下功夫,通过深化改革和持续创新打破行政壁垒、消除发展症结、完善区域政策。"高质量"要求坚持质量第一、效益优先,顺应规律、稳中求进。既要着眼"有没有""够不够",更要研判"好不好""优不优",锚住高质量发展这个方向持续推进,强化创新驱动,建设现代化经济体系,提升产业链水平,更好释放区域强劲且持久的发展动力。长三角联合开展关键技术攻关要紧扣一体化和高质量两个关键词,以一体化的思路和举措打破行政壁垒、提高政策协同,让要素在更大范围畅通流动,有利于发挥各地区比较优势,实现更合理分工,凝聚更强大的合力,促进高质量发展。三省一市要集合科技力量,聚焦集成电路、生物医药、人工智能等重点领域和关键环节,尽早取得突破,必须把创新主动权、发展主动权牢牢掌握在自己手中。

三、从区域发展看,联合攻关是强化高水平科技供给的必由之路

根据课题组前期绘制的数字安防、集成电路等 10 条产业创新链"五色图",国内有基础实现 5G 产业链 29 项关键核心技术中 24 项、数字安防产业链 54 项关键核心技术中 41 项、工业机器人产业链 36 项关键核心技术

中 31 项、精密与超精密机床产业链 68 项关键核心技术中 44 项、氢能与燃料电池产业链 39 项关键核心技术中 28 项、人工智能产业链 49 项关键核心技术中 43 项、智能网联汽车 115 项关键核心技术中 103 项、智能印刷包装设备产业链 39 项关键核心技术中 25 项、高端射频芯片 49 项关键核心技术中 43 项、电子化学材料产业链 72 项关键核心技术中 46 项的攻关突破，其中，长三角是主力军。长三角联合开展关键核心技术攻关，由区域内部创新能力突出的企业和高校院所，整合产业链上下游有优势、有条件的创新资源，组建创新联合体开展联合攻关，构建优势互补、资源共享、快出成果的协同攻关格局，加快形成断链断供替代能力，有助于解决相关产业的"卡脖子"问题，为长三角乃至我国相关产业发展提供高水平科技供给。

四、从深化改革看，联合攻关是发挥集中力量办大事制度优势的积极探索

人类科学发展进入"科技高原"后，科学技术遭遇瓶颈期，面临长期的"大停滞"。在这个时期，往往创新的投入巨大，但不一定在短期内有收获，这就导致一般企业无法承受投资风险，更没有足够的资本长期维持这种高风险商业投资。同时，现代科技创新不再是单一领域的突破，普遍涉及不同学科和领域，需要很强的协调能力，聚集不同领域的优质资源进行攻关，一般企业没有这种协调和配置跨学科不同资源的能力。目前，即使是全球性的公司都很难完成重大创新，生成突破性创新成果，对长期专注于规模化发展、多元化扩张的大部分民营企业而言，很难胜任创新发展的重任。由此，党的十九届四中全会提出，要完善科技创新体制机制，构建社会主义市场经济条件下关键核心技术攻关新型举国体制。2020 年 8 月 24 日，习近平总书记在经济社会领域专家座谈会上指出要"充分发挥我国社会主义制度能够集中力量办大事的显著优势,打好关键核心技术攻坚战"。^① 这意味着,要把集中力量办大事的制度优势、超大规模的市场优势,同发挥市场在资源配置中的决定性作用结合起来,以健全国家实验室体系为抓手,加快建设跨学科、大协作、高强度的协同创新基础平台,强化国家战略科技力量。作为全国重要的技术创新策源地,长三角有责任担当起探索新型举国体制突破关键核心技术的重大使命。

第二节　长三角区域关键核心技术协同攻关的现状

长三角拥有上海张江、安徽合肥 2 个综合性国家科学中心,全国 1/4 的"双一流"高校、1/3 左右的企业年研发经费支出和有效发明专利数,产业门类齐全,产业链条完整,集群优势明显,集成电路和软件信息服务产业规模分别约占全国规模的 1/2 和 1/3,提供了关键核心技术协同攻关的资源保障。同时,长三角拥有协同攻关的成功经验。长三角科技联合攻关计划从 2004 年开始实施,每年由长三角区域创新体系建设联席会议办公室通过上海、江苏和浙江科技部门,向全社会发布项目指南征集项目,并投入专项资金进行支持。从 2010 年开始,安徽省也参与科技联合攻关计划,并每年安排 500 万元专项资金和专门人员组织实施。三省一市科技部门相互协同,对申报项目进行相互备案,取得一定成效。

长三角科技联合攻关项目是在长三角区域创新体系建设联席会议的合作背景下设立的。项目主要围绕长三角一体化国家战略,紧扣"高质量"和"一体化"两项要求,聚焦区域民生保障及公共安全共性关键技术需求,推动区域资源的融合与互补,并在长三角区域内形成示范应用,支撑和引领跨区域、跨领域、跨部门协同的公共服务体系建设及更高质量一体化发

① 习近平在经济社会领域专家座谈会上的讲话[EB/OL].（2020-08-24）[2021-12-21]. http://jhsjk.people.cn/article/31835136.

展。近5年支持方向见表2.1,近2年资助项目见表2.2。

表2.1 近5年长三角科技联合攻关计划支持研究方向

年份	专题	研究内容
2021	联合开展科技成果惠民示范	聚焦智慧医疗、智慧城市、生态环境等民生领域,共同开展医疗大数据、智慧交通、绿色技术等领域科技攻关,并在长三角不少于3个的县级及以上区域进行推广应用
	联合解决企业创新需求	引导本市企业开放式创新,释放技术创新需求,开放产业创新应用场景,组织长三角区域内产学研合作或大中小企业协同,解决企业需求
	联合推进长三角协同创新数字化转型	聚焦长三角科技资源、技术市场等平台服务,面向省级层面跨区域使用,健全资源共享机制、建立跨区域协同治理与高效配置模式,推动构建跨区域协同创新服务平台
2020	长三角生态绿色一体化发展示范区协同示范	以长三角生态绿色一体化发展示范区为示范点,聚焦生态环保、循环经济等领域企业的共性技术需求、专业性平台服务需求,开展新技术、新平台的示范应用
	联合实施科技成果惠民示范应用	聚焦民生保障、智慧城市等方向,强化三省一市科技创新衔接,创新组织模式,扩展应用场景,推动创新成果、行业数据等资源共享和示范应用
	长三角新冠肺炎联防联控协同攻关	围绕创新挑战赛疫情防控专场征集的医务人员在医疗器械、防护器具、医用消毒等方面的产品需求,通过"悬赏揭榜"在长三角区域寻找解决方案。有相关资源配置能力的单位协调各方力量,收集不少于20项疫情防控需求。支持申报单位在项目实施期内牵头开展不少于10项需求的产业对接,5项以上的产品概念验证与工程熟化,部分实现产业化应用
2019	公共领域联合攻关项目	支持领域:长三角区域进口商品智慧监管关键技术研究及示范应用、长三角区域医疗协同服务关键技术研究及示范应用、长三角区域水环境联动治理关键技术研究及示范应用、长三角区域智慧城市协同建设关键技术研究及示范应用
	区域创新示范项目	支持区域共同打造国际创新带,共建创新示范点,形成以点带面的区域创新更高质量一体化发展格局,重点支持与上海科技主管部门签订相关科技合作协议的地区

续表

年份	专题	研究内容
2018		长三角区域食品安全领域。开展食品安全快速、高通量检验检测等关键技术的研究和示范应用,实现食品快速检测数据的自动化传输、收集和分析,提高食品安全监管的专业化水平和时效性
		长三角区域耕地生态保护领域。开展区域耕地生态质量检验检测、耕地地力保育、耕地环境改良等关键技术研究及应用,为长三角区域耕地生态环境一体化检测监管起到支撑和示范作用
		长三角区域应急医疗卫生服务领域。针对长三角区域面临的重大传染病等应急医疗卫生协同合作需求,开展跨区域协作体系关键技术研究及区域示范应用,建立覆盖长三角区域的协作网络
		长三角区域生物医药产业安全防控领域。针对生物医药产业中感染性物质和毒素等有害因子的风险防控需求,开展安全性等关键技术研究及区域示范应用,实现高风险特殊物品全流程溯源监管,促进和保护上海以及长三角地区的生物医药产业发展,打造跨区域防控安全屏障,保障国家公共安全
2017	区域协同创新公共服务体系建设	方向1:长三角区域食品安全领域。通过开展大数据挖掘、建模优化,并结合食品快速、高通量检测等关键技术研究,对长三角区域内食品检测、风险评估、舆情分析等数据有效整合,实现区域食品安全数据的标准化分析与科学管控,有效支撑和服务长三角区域食品安全的协同监管、安全状况分析和风险预警
		方向2:长三角区域跨境消费品质量领域。在区域通关一体化背景下,开展跨区域数据分析、溯源服务、协同监管、电子标识等关键技术研究,实现长三角跨区域重点领域跨境消费品质量安全监管及示范应用
	区域共性关键技术联合攻关及示范应用	方向1:基于跨区域航运信息数据分析与整合,开展区域民航飞行管理、区域内河航运安全监管和运行保障的关键支撑技术研究及区域示范应用
		方向2:基于上海医联平台、跨区域专病服务系统,开展跨区域医疗机构异地分级诊疗体系关键技术研究及区域示范应用
		方向3:区域水土环境综合治理中高效、可持续的水土修复关键技术研究及区域示范应用

表 2.2　2020 年、2021 年长三角科技联合攻关计划资助项目

序号	年份	项目名称	承担单位	合作单位
1	2021	长三角滨海与湖滨湿地修复及碳汇提升技术示范应用	华东师范大学	未公开
2	2021	长三角滨海与湖滨湿地修复及碳汇提升技术示范应用	华东师范大学	未公开
3	2021	长三角河网密集型城市群极端降雨预报和洪涝风险研究与示范应用	上海中心气象台（太湖流域气象中心）	未公开
4	2021	长三角区域稻田面源污染综合防控技术集成与示范	上海市农业科学院	未公开
5	2021	基于长三角海绵城市建设的有机覆盖物安全应用和技术创新及示范	上海绿地环境科技（集团）股份有限公司	未公开
6	2021	长三角核心区池塘养殖污染物源头控制与尾水治理技术攻关及示范	上海海洋大学	未公开
7	2021	长三角绿色生态一体化发展示范区水环境智慧管控关键技术研究与示范应用	上海勘测设计研究院有限公司	未公开
8	2021	道路隧道运营安全智慧化提升技术研究与示范应用	上海市政工程设计研究总院（集团）有限公司	未公开
9	2021	轨道交通信号故障安全行车辅助系统	上海工程技术大学	未公开
10	2021	基于 V2X 多系统融合的车联网系统解决方案及应用示范	上海航盛实业有限公司	未公开
11	2021	基于物联网的长三角地区制造协同平台开发及示范应用	华东理工大学	未公开
12	2021	精神疾病个体化智慧医疗技术体系的建立及转化	上海交通大学	未公开
13	2021	基于大数据构建骨科个性化医疗智能服务平台及其示范应用	上海交通大学医学院附属第九人民医院	未公开

续表

序号	年份	项目名称	承担单位	合作单位
14	2021	口腔颌面头颈肿瘤患者智慧化康复随访系统的建设及应用	上海交通大学医学院附属第九人民医院	未公开
15	2021	智慧疫情监控与人工智能分析系统的开发和应用	上海市重大传染病和生物安全研究院	未公开
16	2021	基于长三角多中心协作的急性肾损伤智慧诊疗支持体系的完善及推广	复旦大学附属中山医院	未公开
17	2021	长三角高度近视全生命周期3D数字智能化防治平台建设	复旦大学附属眼耳鼻喉科医院	未公开
18	2021	应用人工智能技术预测急性期高血压脑出血进展的互联网医疗应用场景研究与推广	复旦大学附属华山医院	未公开
19	2021	"儿科门诊临床决策支持系统"的区域社会实验	复旦大学附属儿科医院	未公开
20	2021	新生儿先天性心脏病智能化诊治随访管理平台的建立与应用	复旦大学附属儿科医院	未公开
21	2021	预制桥梁智能建造成套技术	上海市城市建设设计研究总院(集团)有限公司	未公开
22	2021	增材制造用新型纳米颗粒改性钛合金粉末关键技术研究	上海材料研究所	未公开
23	2021	面向精密铸造行业的协同创新平台	上海中移信息技术有限公司	未公开
24	2021	长三角科技资源共享服务平台数字化转型建设	上海市研发公共服务平台管理中心(上海市科技人才发展中心、上海市外国人来华工作服务中心)	未公开
25	2021	长三角科技创新共同体协同平台建设及场景预研	上海市社会信用促进中心	未公开
26	2021	长三角协同创新重大方向智能发现体系研究	上海科学院	未公开

续表

序号	年份	项目名称	承担单位	合作单位
27	2021	长三角大学科技园高效协同平台建设	上海交大科技园有限公司	未公开
28	2020	基于遥感的生态环境监测预警研究——以长三角一体化示范区为例	上海市青浦区气象局	浙江省嘉善县气象局、江苏省苏州市吴江区气象局、浙江省嘉兴市生态环境局嘉善分局、上海市生态气象和卫星遥感中心、上海师范大学环境与地理科学学院、上海市林业总站
29	2020	河道原位水处理技术及示范应用	上海同菁环境工程设备有限公司	上海禹浜水环境科技发展有限公司、苏州新能环境技术股份有限公司、浙江爱迪曼环保科技股份有限公司、同济大学
30	2020	长三角区域重大公共卫生风险联合研判、预警和处置平台的开发及示范应用	上海市疾病预防控制中心	万达信息股份有限公司、上海海关、江苏省疾病预防控制中心、浙江省疾病预防控制中心、安徽省疾病预防控制中心
31	2020	基于脑卒中后功能障碍康复治疗新技术的创新示范及推广应用研究	复旦大学附属华山医院	浙江大学医学院附属第一医院、安徽医科大学第一附属医院、苏州大学附属第一医院、上海神泰医疗科技有限公司

续表

序号	年份	项目名称	承担单位	合作单位
32	2020	老龄化骨关节诊疗 3D 打印医疗器械转化示范应用	中国科学院上海硅酸盐研究所	浙江大学、南京医科大学数字医学研究所、南京市第一医院
33	2020	设施甜瓜新品种的示范应用	上海市农业科学院	浙江省农业科学院蔬菜研究所、江苏省农业科学院蔬菜研究所、上海市浦东新区农业技术推广中心、上海科立特农科(集团)有限公司
34	2020	长三角地区有毒重金属源头控制与资源化利用协同开发及应用示范	上海交通大学	南京昆腾化工科技有限公司、合肥汇通控股股份有限公司
35	2020	新能源汽车电池包环保阻燃 LFTPP 轻量化材料的开发与应用	上海化工研究院有限公司	浙江旭森非卤消烟阻燃剂有限公司、会通新材料股份有限公司
36	2020	城镇湿垃圾定向生物转化及土壤改良应用技术	华东师范大学	中农新科(苏州)有机循环研究院有限公司、浙江丰瑜生态科技股份有限公司
37	2020	基于区块链的长三角学分银行个人学习数据跨域流通示范平台	复旦大学	上海开放大学、浙江广播电视大学、江苏开放大学、安徽广播电视大学
38	2020	基于 5G 的智慧无人病房关键技术研究与协同应用	上海产业技术研究院	上海大学(浙江·嘉兴)新兴产业研究院、江苏省产业技术研究院智能制造技术研究所

序号	年份	项目名称	承担单位	合作单位
39	2020	医学创新集群科技成果转移转化协同网络构建——以高校附属医疗机构集群为例	同济大学	中钢中城（南京）创新科技有限责任公司、苏州莱诺医疗器械有限公司、浙江善时医疗器械有限公司、上海东部科技成果转化有限公司、禾芫科技孵化器（嘉兴）有限公司、浙江迪福润丝生物科技有限公司

项目由申报单位与合作地单位共同实施,合作单位间一方面应具有坚实的合作基础、较高的合作意愿,齐心协力开展科研合作。双方就项目研究内容以签订技术协议或成立合作联盟等形式确保合作的可持续性;另一方面要技术供需匹配。尽管长三角区域内上海综合科研实力较强,但苏浙皖也各具优势,因此在长三角科技合作项目中,技术互补型合作最为常见,这也体现了"上海发挥龙头带动作用,苏浙皖各扬所长"的一体化要求。另外,在各自行政区域承担相似职能的单位积极联动,共同实施项目,可以高效地整合长三角区域内科技创新资源,在专业领域形成合力。组织机制运行高效,主要体现在:一是确立任务分工及经费分配比例。项目申请前期,项目牵头单位与合作单位根据各自在相关领域的技术与资源优势,通过沟通协商,有机地拆分项目研究内容,形成各自的任务单元。根据各单位承担的研究任务,研究团队就各单位划拨的经费比例达成共识。二是建立项目责任制度。项目执行由项目承担单位负总责,合作单位各尽其责,承担单位与合作单位形成项目联合体,严格执行任务分工、进度要求、经费管理规范。项目实行负责人负责制,总项目负责人对项目总体研究内容、进度、成果质量与经费执行等情况统筹把关、系统负责,并协调各单位各团队力量开展联合攻关;各子课题负责人对子课题研究团队的研究进度、成果、经

费执行负责,配合项目负责人工作。三是建立项目协调制度。建立多层次、经常化交流协调制度,充分发挥长三角区域交通网络的发达与便捷性,在项目执行重要节点,以集中交流研讨的形式,汇报项目研究进展与计划情况,及时交流研究过程中碰到的重点难点问题。在执行过程中,采用微信群、视频会议、研究团队互访等方式及时高效沟通。依托项目举办专题学术会议,邀请相关领域专家演讲,强化项目成果推介。四是建立项目考核制度。项目联合体各单位负责督促项目组及时按进度完成研究内容,从单位层面上管理和监督项目质量、进度和经费使用情况,定期开展项目检查,确保按照项目任务合同书要求,高质量按时完成研究任务。项目执行过程中,邀请项目相关领域专家、政府管理部门及行业用户,围绕项目技术要点和示范推广需求,召开专家咨询会议,对项目技术难点和阶段性成果提供咨询意见,保障项目完成质量。

长三角科技联合攻关项目推动了区域内优势科技资源强强联合,组建跨区域研发团队,实施了一批具有典型示范意义的科研项目,成效显现。

探索建立了长三角科技部门信息互通、项目联动机制。长三角科技联合攻关项目是在长三角区域创新体系建设联席会议的框架下设立的,通过项目的备案制度,有助于各省科技厅(委)掌握本省市长三角科技合作的信息,加强了信息联动。安徽省科技厅自2010年起,也专门设立了长三角科技合作专项项目。三省一市疾病预防控制中心联合申报的科研项目于2014年获上海市科委立项支持,2015年安徽省科技厅也给予立项支持,真正体现了长三角科技部门的项目联动。

提升了长三角科技合作能级。通过科技惠民示范应用项目的实施,以平台共建、产品推广等方式,推动了创新成果、行业数据及技术市场资源共用共享、行业标准统一。合作各方以项目为纽带,从松散联盟变为紧密的项目联合体,共同为同一任务指标齐心协力、攻坚克难,合作关系更加密切。例如:由承担市属三级医院办医职责的上海申康医院发展中心牵头,联合上海市第一人民医院、苏浙皖地区综合性三甲医院建立的长三角城市群医疗机构异地分级诊疗应用平台,研发了基于平台的异地分诊、精准预约、住院管理等功能,并在长三角10家医疗机构部署应用,应用病例400例以上,实现了上海本地和苏浙皖合作医院之间在眼科、糖尿病及其并发症、大肠癌专科病例的互联互通和信息共享。该项目参加了第一届长三角一体化创新成果展,并作为重点成果进行展示。

促进了长三角产学研用联合攻关与示范应用。项目以应用示范为导向,积极鼓励高校、科研院所及科技企业多方共同参与实施、优势互补,既推动了科研成果的快速转化,也提升了企业的科研水平。例如,上海建设用地和土地整理事务中心联合苏浙皖土地整理中心,依托长三角区域土地整治工程,开展水土协同修复关键技术研究,并在上海金山、松江,江苏宜兴,浙江嘉兴,安徽肥西五个整治项目区开展示范,总示范面积3万余亩,形成了"问题诊断解析—技术研发—技术示范应用—示范绩效评估—技术模式构建"的科技创新路径,保障了科技成果的落地转化。

虽然长三角区域关键核心技术协同攻关具有良好基础和成功经验,但仍存在一些突出问题:一是基础研究合作强度有待提升。从SCI论文发文量来看,长三角基础研究合作强度为6.9%,低于粤港澳的8.1%。二是产业关键核心技术协同攻关有待增强。尽管三省一市至今已累计实施长三角科技联合攻关项目百余项,但主要聚焦区域民生保障、公共安全、生态治理等领域,尚未涉及工业领域。三是体制机制创新有待深化。与粤港澳相比,长三角在科研立项方面对区域一体化的支撑度还不够。广东省重点研发计划支持省外单位牵头申报,与省内单位公平竞争,择优纳入科技计划项目库管理。入库项目在满足到广东注册落户或团队加入广东省内单位、科研成果向广东单位转移转化等条件之一后,正式列入省级科技计划,给予立项支持。与之相对,目前长三角三省一市重点研发计划项目尚不支持省(市)外单位牵头申报。

第三节　国内外区域联合开展关键核心技术攻关的经验做法

一、注重"源头性"基础研究

欧盟第九期研发框架计划——"地平线欧洲"计划(2021—2027年)设立"开放科学"支柱,预算为258亿欧元,通过欧洲研究理事会以自下而上的方式支持由研究人员确定推动的前沿研究项目,加强欧盟的科学领先地位。广东省启动建设粤港澳联合实验室,由粤港澳三方或粤港、粤澳双方具有合作基础的高校、科研机构、企业等法人单位联合申报,围绕人工智能、新一代信息技术、新材料、先进制造、生物医药、海洋科技等重点领域,推进相关重大科学问题和关键核心技术研究、成果转移转化、人才团队培养引进和高水平创新平台建设等。建设期为3年,支持财政经费500万元,截至2021年底,两批20家粤港澳联合实验室已正式授牌。京津冀按照《关于共同推进京津冀基础研究的合作协议(2018—2020年)》要求,实施基础研究合作专项,2020年度资助领域为"精准医学"专项,单项支持力度60万元,项目执行期3年,要求京津冀三地合作开展联合研究。通过充分整合京津冀三地临床医疗和科学研究的资源,进一步完善精准医学体系,协同发展,促进京津冀三地精准医学一体化,实现区域合理布局。努力形成资源集成、人才集成、临床样本集成的创新体系。

二、设立"区域性"关键核心技术协同攻关项目

面对日益激烈的国际竞争,欧盟利用主要来自于各成员国税金的财政资金,自1984年以来实施了8个研发框架计划,通过不断整合资源、改革管理体制,以期在欧洲层面更有效地利用研发创新资源,着力提升科技创

新能力。欧盟框架计划打破了各个成员国科技政策、财政项目的壁垒,很大程度上消除了行政化分割,有利于让更多的科研单位、科研人员参与竞争性项目,并开展跨国合作。在"全球性挑战与产业竞争力"支柱下,除了常规的项目征集外,还将引入一组显示度高的重大任务来解决重大问题,如抗击癌症。各项重大任务雄心勃勃,是能够影响单项行动无法撼动的科学、技术、社会的行动组合,将在战略规划进程中,由欧盟委员会与成员国、欧洲议会、利益相关方和公众共同设计,且须符合以下特点:能明显为欧盟增值,为实现欧盟要务献力;大胆而鼓舞人心,具有广泛的经济社会意义;方向明确,目标导向,规定时限,便于衡量;聚焦研发创新活动,既具雄心,又合现实;鼓励跨学科、跨部门、跨主体合作;广纳多种多样、自下而上的解决方案。这些重大任务按专项研发计划形式执行,并注重公众沟通及参与。粤港澳大湾区设立联合创新专项资金,针对重大科研项目开展联合攻关,允许相关资金在大湾区跨境使用,推动相关创新要素进一步自由流动及合理配置。同时,合作构建多元化、国际化、跨区域的科技创新投融资体系,共建国家级科技成果孵化基地和粤港澳青年创业就业基地等成果转化平台,推动协同攻关项目顺利实施和成果加速转化。京津冀设立协同创新共同体建设专项,借力京津冀优质创新资源,培育一批引领行业发展的高科技企业。支持重点包括关键共性技术攻关项目:大数据及物联网领域、信息技术制造领域、人工智能与智能装备领域、生物医药健康领域、新能源与智能电网装备领域、高端装备制造业领域、新能源汽车与智能网联汽车领域、新材料领域、现代农业领域;支撑雄安新区创新驱动发展项目:新一代信息技术、生物技术、新材料技术、高端制造技术、现代交通技术、现代医学。每个项目省财政资金支持强度 50 万～100 万元,项目执行期为 1～3 年。

三、布局"重大性"科技基础设施

欧盟于 2002 年成立欧盟科研基础设施战略论坛(ESFRI),ESFRI 成员由欧委会、欧盟成员国及候选国科技主管部门指派的高级代表组成,代表欧委会、成员国及候选国政府、科技界、工业界和利益相关方。ESFRI每年组织的大会及其理事会是欧盟大型科研基础设施建设的最高决策机构。欧盟一直通过科研框架计划稳定支持大型科研设施建设。2018 年 9月,ESFRI 发布了 2018 年研究基础设施战略报告和路线图(Roadmap 2018)。新路线图涵盖了能源、环境、健康与食品、物理与工程、社会与文化创新、数字化六大领域的 37 个达到实施阶段的 ESFRI 地标设施,以及 18个具有较高成熟度的 ESFRI 项目设施。新建的六大科研基础设施分布在4 个领域。(1)能源领域:IFMIF-DONES,用于聚变反应堆材料的测试、验证和认定的设施(协调国为西班牙)。(2)环境领域:DiSSCo,整合欧洲主要科研机构自然历史馆藏的基础设施(协调国为荷兰);eLTER,整合欧洲生态系统研究站点的基础设施(协调国为德国)。(3)健康与食品:EU-IBISBA,工业生物技术的多学科研究和创新基础设施(协调国为法国);METROFOOD-RI,全价值链中食品和营养计量服务的基础设施(协调国为意大利)。(4)社会和文化创新:EHRI,二战大屠杀研究的基础设施(协调国为荷兰)。近年来,24 个欧盟成员国共同开展量子通信基础设施计划(QCI)。根据该计划,欧盟将量子技术和系统整合到现有通信基础设施,利用量子基础设施以超级安全方式传输、存储信息和数据,并实现欧盟通信资产全连接。此外,QCI 将助力欧洲确保其关键基础设施和加密系统免受网络威胁,保护智能能源网、空中交通管制、银行、医疗保健设施等免受黑客攻击,并使数据中心安全存储和交换信息,长期保护政府数据隐私。自协议签署以来,粤港澳大湾区已推动中国(东莞)散裂中子源、国家超算深圳中心、广州中心、国家基因库、大亚湾中微子实验站等研究装置落地,广深港澳科技创新走廊正在串珠成链。其中,国家超算广州中心,实现对包括香港在内的大湾区城市全覆盖,服务港澳地区用户近 200 家。中国(东莞)散裂中子源开放运行后,香港大学、香港城市大学等多家知名高校纷至沓来,在此开展实验,取得丰硕的研究成果。江苏省未来网络创新研究院牵头,联合中国科学技术大学等共建国家"未来网络试验设施"。该设施是通信与信息领域唯一的国家重大科技基础设施,目前已在我国12个主干节点城市建成连通。

四、建设"高端性"创新研发载体

粤港澳大湾区打造高水平科技创新载体,推进港深创新及科技园、中新广州知识城、南沙庆盛科技创新产业基地、横琴粤澳合作中医药科技产业园等重大创新载体建设,香港物流及供应链管理应用技术、纺织及成衣、资讯及通信技术、汽车零部件、纳米及先进材料等五大研发中心和香港科学园、香港数码港建设,以及澳门中医药科技产业发展平台建设。其中,港深创新及科技园重点发展生物医药、新材料、人工智能、微电子等互补性较强的产业。以生物医药为例,近年来深圳生物制药产业迅速崛起,制药能力大幅提升,但面临创新能力薄弱、配套服务不足等短板。而香港在临床病理、基因检测、遗传性癌症治疗等领域具有国际顶尖水平,能够有效弥补深圳基础研发的不足,其成熟的资本市场和丰富的国际医疗人才团队能够帮助深圳汇聚更多关键要素资源,更为开放的医疗试验环境可以帮助深圳企业通过合作开展更多创新试验。香港也可凭借深圳蓬勃发展的生物制药产业强化上下游联动。江苏省地方政府、园区、企业与上海交通大学、浙江大学、中国科学技术大学等长三角知名高校院所建立紧密合作关系,共建了南京先进激光技术研究院、浙江大学苏州工研院等40多家新型研发机构,为区域产业协同创新提供了有力支撑。上海市积极在长三角地区开展布局与拓展,合作建设了上海产业技术研究院浙江创新院、临港光电平台、张家港磁平台,瞄准新基建布局建设长三角区域一体化工业互联网公共服务平台、长三角G60工业互联网创新应用体验和推广平台等。其中,集成电路平台依托工艺设备和材料的第三方公共评价验证功能,为中芯、华虹等芯片制造等龙头企业开展共性技术研发和支持服务,为210余家国内IC设计公司的数百个新产品提供设计、流片和测试服务支持。机器人平台牵头起草智能化与可靠性国家标准16项,引领了该领域的技术制造点,为新时达、新松、沃迪等大型机器人企业提供技术服务,孵化培育了3家相关企业,基本形成辐射长三角各机器人产业园的服务能力。安徽省合肥市与高校院所合作共建平台达26家,形成了院所合作"合肥模式"。例如,联合上海光源、华东高校和科研院所等机构打造长三角光子科学研究和应用走廊,探索与杭州、宁波等共建科技成果转化示范区等,在长三角与合肥之间形成研发、转化的闭环。

五、推动"跨区性"人才合作交流

欧盟"玛丽—斯克沃多夫斯卡居里"行动计划(MSCA)设有创新研究网络(ITN)、研究与创新人员交流(RISE)、个人奖学金(IF),以及共同基金(COFUND)四类分计划。其中,ITN支持处于职业发展各阶段的科研人员以及科研管理人员,不分国籍、不分学科领域,帮助他们构建科技创新网络;RISE属于人才流动项目,旨在提升跨国与跨部门的合作、共享学术界与产业界知识转化的经验,促进科学的进步和创新的发展。该计划帮助人才把创新思想转化为创新产品、服务和过程;IF旨在通过培训或跨国跨部门的流动与合作,提升有一定研究经验科研人员的创造力和创新潜力;COFUND旨在由合作伙伴共同资助地区间与国际的研究人员培训或者博士生培养。广东省将广州南沙列入粤港澳人才合作示范区。2019年2月,《粤港澳大湾区发展规划纲要》颁布,南沙被国家定位为粤港澳全面合作示范区,要求积极探索有利于人才发展的政策和机制。为此,南沙人才工作紧紧围绕港澳人才所需、湾区发展所向,着力推动三地人才协同创新。2019年4月,全国首个粤港澳院士专家创新创业联盟在广州南沙成立。联盟由香港大学、香港科技大学、香港理工大学和澳门大学、澳门科技大学以及中国科学院广州分院、中山大学等粤港澳三地重点高校、科研院所及广东院士联合会共22个单位共同发起成立,搭建粤港澳三地院士专家创新创业平台,努力在粤港澳科技创新和成果转化方面发挥示范带动作用。组建大湾区首家博士后公共研究中心,打造博士后人才区域协同创新平台。创建"博士后＋技术转移"模式,以大湾区产业发展需求为导向,构建博士后人才与技术互进互促机制,从源头解决技术攻关难题。截至2020年底,博士后中心累计形成技术转移成果超过100项,创造经济效益近50亿元。创建粤港澳青年创业就业试验区,打造港澳青年"双创"合作发展平台。围绕服务港澳青年更好地融入国家发展大局这一目标,精准对接港澳青年创新创业需求,加大政策支持力度,搭建粤港澳青年创业就业试验区。截至2020年底,已签约入驻青创项目团队有137个(其中港澳青创团队85个)。

六、培育"完善性"创新生态体系

美国旧金山湾区是国际知名的科技创新中心,具有完善的创新生态体系。第一,美国国家实验室与企业协同创新和高校与企业协同创新在旧金山湾区高新技术产业创新体系中扮演重要角色,通过协同创新的方式达到互利共赢的目的。硅谷是创新的引领者,对于全球科技和经济的发展具有重要的影响,而这与斯坦福大学和硅谷的企业之间建立的合作关系密不可分。第二,以斯坦福大学为代表的旧金山湾区的大学形成了一套以创新创业教育为主的人才培养体系,以设置创新课程为核心、以实践和创业教育活动为契机激发学生的创新意识,在为研究人员提供完善的创业政策的同时,政府又通过减免税收、提供充足的就业岗位和工资以及多元化的技术移民来吸引人才。第三,如何建立完善的企业内部激励机制是企业持续发展的关键问题之一,推行企业股票期权是旧金山湾区高技术产业创新体系激励机制中的重要组成部分。另外,创新风险投资家激励和实施企业联盟机制激励也为创新企业提供了成功的机会，而且企业联盟内的企业之间可共享资源，共同承担风险和收益，发挥协作效应，促进企业不断创新。第四，旧金山高新技术产业创新体系融资机制中，商业银行资金以间接融资模式提供了有力的保障，如硅谷银行作为商业银行早期就为湾区高科技公司提供资金扶持。另外，天使投资者资金和风险投资资金也是湾区高技术产业发展的强大动力，政府对科技研发的投资是湾区企业科技创新和进行重大项目开发的有力支撑。第五，政府为旧金山湾区高技术产业的发展提供了创新法律保障，包括激励技术创新投入研发的法律、保障技术转化和转移的法律、技术创新法律法规及发明专利保护法律法规等，同时还出台了一系列创新政策，并发展了湾区企业内独特的创新创业文化。

日本东京湾区集聚了 NEC、佳能、三菱集团、丰田集团、索尼、东芝、富士通等国际知名企业与东京大学、庆应大学、武藏工业大学、横滨国立大学等大批日本著名高等学府开展联合办学，使湾区的优秀人才按功能定位聚在一起并产生群聚效应，每年企业研发经费的投入超过东京湾区研究与试验发展经费的 80%，湾区内大学与产业发展联系紧密，将原隶属于多个省厅的大学和研究所调整为独立法人机构，赋予大学和科研单位更大的行政权力。东京湾区拥有良好的金融实力，银行类金融机构数量占湾区所有金融机构数量高达 35%。以三菱日联银行、三井住友银行和瑞穗银行三大金融集团为代表的银行机构成为湾区产业发展的重要驱动力。如丰田集团与 MS&AD 保险集团联合构建了符合自身发展需求的金融生态圈，MS&AD 保险集团增持丰田集团股份成为其第一大股东，而丰田集团获得融资后投入新能源汽车研发并为其上下游客户提供相应的保险服务，这大大增加了企业市场竞争力。平台载体较为集中，由工业平台、联合孵化平台、港口协作平台构成。依托京滨、京叶两大工业平台形成了湾区自己的工业体系，构建了湾区钢铁、有色、炼油、石化、机械、汽车、电子等主要工业部门;打造知名企业、知名高校与知名研究机构的协作平台,构建了面向产业发展需求的创新生态系统。

第四节　长三角区域关键核心技术协同攻关的对策建议

一、改革科技计划项目组织管理机制

建议由省科技厅、省教育厅等部门牵头建立长三角科研单位名录或数据库,支持省外高校、科研院所作为合作单位联合省内机构申报各类科技计划项目。支持省外具备相应条件和能力的企事业单位牵头申报,择优纳入科技计划项目库管理,入库项目在满足科研机构、科研活动、主要团队到浙江落地,项目成果在浙江转化等条件后,给予立项支持,吸引大机构、大团队落户。

二、建立长三角产业创新大数据平台

建议由三省一市科技、发改、经信等部门牵头,联合企业、高等院校、科研院所等机构,建立若干重点产业链的子平台,动态分享区域间产业关键核心技术断供和"卡脖子"情况、有能力开展技术攻关的优势单位以及已取得攻关突破的成果等信息,实现供给侧和需求侧信息充分对接,推动关键核心技术攻关。

三、设立长三角关键核心技术攻关浙江基金

以"长三角国家技术创新中心"建设为契机,围绕浙江省关键核心技术攻关需求,加强政府引导,设立长三角关键核心技术攻关浙江基金,通过招标揭榜、择优委托等方式组织实施重大科技攻关专项项目,汇聚长三角地

区高校、科研院所、骨干企业等组成联合攻关团队联合突破一批"卡脖子"核心关键技术,解决产业核心难题。

四、共建一批关键领域长三角联合实验室

按照"顶层设计、分类设施、突出重点、创新引领"的原则,通过长三角两方或多方的紧密合作,推进相关重大科学问题和关键核心技术研究,围绕集成电路、人工智能、生物医药、智慧海洋、前沿新材料等重点领域建设10家长三角联合实验室,争取优势研究领域实验室落户浙江。

五、共建共享一批大科学装置

共同推进国家"未来网络试验设施"、量子通信"京沪干线""超重力离心模拟与实验装置"等重大科技基础设施建设,推动在长三角区域的开放共享。

六、打造长三角高能级创新合作平台

以 G60 科创走廊为长三角科技创新一体化发展的重要实践区和先行区,推进长三角科技创新圈建设。进一步推进张江平湖科技园、浙江临沪产业合作园区等产业平台建设,深化各地与张江、临港、虹桥等高端开发区之间的战略协同,在理顺区域竞争格局和利益机制的基础上,共同建设长三角跨区域科技产业新城,在深层次上打通融入上海的发展通道。

七、面向长三角招引科技特派员

紧密对接浙江省创新骨干企业,迭代梳理科技人才需求,编制浙江省科技人才需求指南。围绕需求指南,绘制长三角科技人才招引目录。协调三省一市相关资源,组织一批科技人才作为科技特派员入企,与企业开展创新合作,推动企业技术创新,解决企业技术难题。

第三章　共建长三角区域高能级
科技创新平台

当前,全球科学研究已进入大科学时代,科学技术从微观向宏观纵深演进,多学科交叉融合趋势日益凸显,科技活动过程逐渐由传统分散、封闭、低效的自由探索向大跨度、开放性、有组织的科研转变,跨区域、跨行业、跨组织的协同创新越来越成为创新发展的新趋势。高能级科技创新平台紧跟世界科技前沿,立足区域重大需求,能够有效应对高度复杂、综合性、不确定性、风险性强的重大创新任务,成为提升区域经济发展的关键抓手。

高能级科技创新平台指以解决跨学科、跨行业、跨领域、综合性重大科研任务为目标的科技创新平台,具有投资规模大、创新能力强的特征。根据所处创新链的不同位置,高能级科技创新平台可分为三类:一是基础研究型科技创新平台,典型代表是国家实验室、国家重点实验室;二是应用研究型科技创新平台,典型代表是国家工程研究中心;三是成果转化型科技创新平台,典型代表是国家大学科技园、孵化器。

第一节　浙江省科技创新平台建设总体情况

一、浙江省科技创新平台相关政策

作为落实创新驱动发展战略与建设创新型省份的重要载体,浙江省非常重视科技创新平台的建设工作。近年来,浙江省大力引进大院名校,共建"高尖精特"创新载体,积极争取国家重大科技项目、国家实验室落户浙江。中国科学院宁波材料所、浙江清华长三角研究院等创新载体集聚优质资源,转化创新成果,有效支撑了浙江省高质量发展。《浙江省引进大院名校共建高端创新载体实施意见》提出,到 2025 年,浙江省引进共建 200 家创新载体,形成高能级科技创新平台集聚区。2019 年,浙江省政府提出全面加强基础科学研究,建成具有国际重大影响力的高能级科技创新平台,出台的《浙江省实验室建设工作指引》从明确目标定位、聚焦重点领域、汇聚顶尖人才、建设重大装置等 10 个方面对实验室建设提出具体要求。

二、浙江省科技创新平台基本情况

数据显示,"十三五"期间,浙江省新引进培育中法航空大学、北航杭州研究院、中科院肿瘤所、天津大学浙江研究院等高端科研机构,省市县累计引进共建创新载体近 1000 家。长三角科创共同体建设机制不断健全,全面创新改革试验、关键核心技术联合攻关、科技资源共建共享、创新活动联办等方面取得明显进展。浙江省与 50 多个国家和地区建立国际科技合作关系,与以色列等 8 个重要国家和地区签订正式合作协议并设立联合研发计划,建成省级以上国际科技合作基地 111 家(国家级 40 家)、海外创新孵化中心 30 家。截至 2021 年 12 月,浙江共拥有重点实验室 343 家,国家重点实验室共 15 家,省实验室 6 家,省级重点企业研究院 291 家。在浙江优化创新资源布局、建设科技创新战略大平台的努力下,青山湖科技城逐步成为重要研发平台,未来科技城已成为集聚创新资源的高地。目前,浙江省的科技创新平台主要集中于杭州,沿浙江大学、未来科技城、青山湖科技城与浙江农林大学一带集聚,并支撑着杭州城西科创大走廊快速发展,充当实施创新驱动发展战略的大平台和引领全省创新发展的主引擎。

浙江省高能级科技创新平台多依托大学或科研院所建设,面临数量少、重大原创性成果缺乏、行业支撑性不足、创新协同性不高的问题。以国家重点实验室为例,2021 年 12 月,我国国家重点实验室共 510 个,其中学科类 258 家(高校 155 家、科研院所 92 家、其他事业单位 11 家)、企业类 174 家、军民共建类 17 家、省部共建类 61 家。科技部的统计数据显示,浙江共拥有 15 家国家重点实验室,其中依托浙江大学建立 10 个(含信息领域 3 个、工程与材料领域 3 个、生命与医学领域 3 个、化学领域 1 个),依托浙江农林大学建立 1 个,依托温州医科大学建立 1 个,依托浙江省农科院、宁波大学建立 1 个,依托企业建立 1 个,依托海洋二所建立 1 个(见表 3.1)。仅就学科类国家重点实验室而言,浙江与北京(79 个)、上海(32 个)、江苏(20 个)、湖北(18 个)差距巨大,甚至不如陕西(13 个)。

表 3.1　截至 2020 年浙江省拥有国家重点实验室情况

序号	名　　称	依托单位	类别	批准年份
1	硅材料科学国家重点实验室	浙江大学	学科类	1985
2	化学工程联合国家重点实验室	清华大学、天津大学、浙江大学、华东理工大学	学科类	1987
3	计算机辅助设计与图形学国家重点实验室	浙江大学	学科类	1989
4	流体动力及机电系统国家重点实验室	浙江大学	学科类	1989
5	工业控制技术国家重点实验室	浙江大学	学科类	1989
6	现代光学仪器国家重点实验室	浙江大学	学科类	1989
7	植物生理学与生物化学国家重点实验室	中国农业大学、浙江大学	学科类	2002

续表

序号	名　　称	依托单位	类别	批准年份
8	水稻生物学国家重点实验室	中国水稻研究所、浙江大学	学科类	2003
9	卫星海洋学与海洋环境动力过程国家重点实验室	国家海洋局第二海洋研究所	学科类	2005
10	能源清洁利用国家重点实验室	浙江大学	学科类	2005
11	传染病诊治国家重点实验室	浙江大学医学院附属第一医院	学科类	2007
12	含氟温室气体替代及控制处理国家重点实验室	浙江省化工研究院有限公司	企业	2015
13	亚热带森林培育国家重点实验室	浙江农林大学	省部共建	2017
14	眼视光学和视觉科学国家重点实验室	温州医科大学	省部共建	2017
15	农产品质量安全危害因子与风险防控国家重点实验室	浙江省农科院、宁波大学	省部共建	2020

第二节　长三角高能级科技创新平台建设情况①

多年来,浙江省与长三角区域其他省市不断强化协同创新力度,在区域科技合作、科技资源共享、创新平台共建方面进行了有效探索。在对长三角地区高能级科技创新平台进行总体分析的基础上,我们从三省一市各选取一家高能级科技创新平台,依次比较各创新平台的协同组建模式、创新领域布局、重大设施建设与高端人才汇聚情况。

一、长三角高能级科技创新平台基本情况

长三角地区在跨区域协同创新方面具有显著优势。一是高质量科

---

① 除专门标注外,本节资料大多来源于各创新平台官网、权威媒体报道。

技创新资源丰富。长三角地区拥有上海张江、安徽合肥2个综合性国家科学中心,全国约1/4的"双一流"高校、国家重点实验室、国家工程研究中心。长三角地区拥有8所A类"双一流"高校,中科院研究机构19个,两院院士350余位,1/3的世界500强企业在长三角地区建立了研发中心。二是产业协同优势突出。大数据、云计算、物联网、人工智能等新技术与传统产业渗透融合,集成电路和软件信息服务产业规模分别约占全国1/2和1/3,在电子信息、生物医药、高端装备、新能源、新材料等领域形成了一批国际竞争力较强的创新共同体和产业集群。与此同时,长三角地区存在科技协同机制不完善、科技资源布局分散的突出障碍。一是科技创新协作中的行政色彩浓厚,协调机制不健全。长三角地区科研单位行政隶属关系复杂,行政保护、条块分割现象较重。在重点创新领域的战略布局、科技立项原则及支持方式上缺乏全局性协调机构,项目资金统筹、政策统筹方面沟通、衔接不够。二是科技资源布局分散,开放共享仍存在利益壁垒。长三角科技创新资源众多与布局分散并存,缺乏主动的区域联动和互动。不同城市科技创新功能与定位上缺乏互补,造成同质竞争和重复建设。

从长三角地区高能级科技创新平台建设情况来看,已投入运行和在建18个国家重大科技基础设施,约占全国总数的27%。据不完全统计,近年来共有来自长三角地区124家高校和科研机构与浙江省共建245家创新平台,占浙江省引进平台总数的33.1%。浙江省高校与复旦大学、中科院上海应用物理研究所等高校院所合作,共建了复旦光泰汽车电光源研发中心、浙江中科辐射高分子材料研发中心等研发机构。

2021年,长三角科技创新平台已初步实现创新资源的对接整合。通过政府管理与市场运营的双轮驱动模式,长三角科技资源共享服务平台在数据层面打通了长三角区域大科学装置、仪器设备、国家级实验室、工程中心、高新园区与服务机构,为建立长三角科技资源共享数据池和推动长三角科技资源共享服务奠定了基础。截至 2020 年 6 月,长三角平台共聚集了长三角三省一市的 2423 家服务机构的 31391 台(套)大型仪器与 19 个大科学装置。另有数据表明,截至 2021 年,长三角地区拥有国家大科学装置 21 个。截至 2019 年 5 月,"长三角大仪网"已整合区域内 1195 家法人单位的 26733 台(套)大型科学仪器设施,总价值超过 307 亿元,为三省一市企业和科研单位提供共享服务,平台还与各地共建了 9 个服务站点,与苏浙 2 省 8 地建立了科技创新券跨区域互认互用机制。长三角三省一市已初步形成强大的科技基础设施群。①

根据中国(深圳)综合开发研究院的资料显示,G60 科创走廊大科学装置的分布情况为:合肥现有 8 个,分别是加速器驱动嬗变研究装置、未来网络试验设施、合肥稳态强磁场试验装置(SHMFF)、合肥 EAST 托卡马克、合肥 HT-7 托卡马克、合肥环流器 HL-1 装置、合肥同步辐射加速器置、合肥 HT-6M 受控热核反应装置;上海现有 5 个,上海"神光"系列高功率激光装置、上海神光 2 装置、海底科学观测网、转化医学研究设施、上海光源线站工程。上海计划建设 6 个:硬 X 射线自由电子激光装置、超强超短激光装置、活细胞成像装置、软 X 射线自由电子激光装置、上海光源线站工程(二期)、首台国产质子治疗装置;杭州:超重力离心模拟与实验装置(即将开建)

为进一步详细介绍长三角地区科技创新平台情况,本书将选取两类创新平台进行案例介绍。第一类是以建设国家实验室为目标、具有高水平基础研究能力的高能级科技创新平台,包括之江实验室、张江实验室、紫金山实验室和量子信息与量子科技创新研究院。第二类是在与地方政府共建、服务区域经济发展和体制机制创新方面卓有成效的新型研发机构,包括中

---

① 阿里研究院,21 世纪经济研究院. 打造全球数字经济高地:2019 数字长三角一体化发展报告[R/OL]. (2019-10-14)[2021-12-21]. http://www. aliresearch. com/ch/information/informationdetails?articleCode=21866&type=%E6%8A%A5%E5%91%8A.

科院宁波材料技术与工程研究所、江苏产业技术研究院和浙江清华长三角研究院。

二、之江实验室

(1)协同组建模式。之江实验室是由浙江省政府、浙江大学、阿里巴巴集团三方共同建设的混合所有制事业单位。政府、高校、企业从实验室成立之初就融为一体,这种新型研发机构的组织架构和运行模式是浙江充分自由灵活的市场经济土壤下的创新产物,在探索市场经济条件下的新型体制具有先发优势。

(2)创新领域布局。之江实验室根据国家战略需求、浙江科技发展优势和产业转型升级需要,将人工智能和网络信息作为主攻方向,具体聚焦泛化人工智能、泛在信息安全、未来网络计算、智能制造与机器人、无障感知互联等研究领域。

(3)重大设施建设。之江实验室的大科学装置建设在布局谋划上具有体系性,贯穿人工智能的信息获取、信息传输、信息存储与处理的全过程信息链路,正在规划布局五个大科学装置,最终将形成具有国际引领性、支撑性的大科学装置集群。

(4)高端人才汇聚。之江实验室的学术咨询委员会委员由国内外相关领域院士、顶尖科学家、特级专家等33名委员组成,其中国内院士18位,来自加拿大、英国皇家工程院、德国汉堡科学院等的国际院士专家12位。之江实验室对全球招聘的专职人员采用年薪制,对国内全职人员实行双聘制,根据科研需要,通过任务合同制、兼职、人才派遣、聘期制等多种方式聘用非全职科研人员,实行合同管理。

三、张江实验室

(1)协同组建模式。张江实验室依托中科院上海高等研究院建设。

2017年9月,中科院和上海市联合发文成立张江实验室管委会,领导、监督和指导张江实验室的管理和国家实验室申请筹建等工作。管委会主任由中科院院长和上海市市长共同担任。上海市科委先期给予张江实验室运行经费支持,支持实验室开展先导性、原创性研究。

(2)创新领域布局。张江实验室围绕生命科学、集成电路信息技术、类脑智能等多个领域,力图打造跨学科、综合性、多功能的国家实验室。张江实验室的布局可概括为"1+2+1",即打造以光子科学领域为主的世界级基础大科学设施群,凝练生命科学与信息技术两大攻关研究方向,在此基础上形成两者的交叉方向——类脑智能。

(3)重大设施建设。张江实验室以重大科技任务攻关和大型科技基础设施建设为主线,积极谋划国家级大型科学基础设施建设布局,已初步建成全球规模最大、种类最全、功能最强的光子大科学设施聚集地,为张江实验室争取国家实验室布局打下了坚实基础。张江实验室的国家重大科技基础设施包括上海光源、国家蛋白质设施(上海)、超强超短激光实验装置、软X射线自由电子激光试验装置、活细胞成像平台等。

(4)高端人才汇聚。截至2021年6月,张江示范区从业人员达238万人,其中青年占80%,企业留学归国的外籍人才占3.2%,这里汇聚了全市80%以上的高端人才,成为科学家们来上海的"首选之地"。张江实验室聘请中科院王曦院士担任首任主任,计划在主要研究方向聚集一批全球一流人才团队,该目标于2021年已基本完成。

四、紫金山实验室

(1)协同组建模式。紫金山实验室初期建设以东南大学、江苏省未来网络创新研究院和中国人民解放军战略支援部队信息工程大学团队为核心力量,以"科技创新和制度创新双轮驱动"为原则,建立集中力量办大事的科学组织形式。紫金山实验室为事业单位法人机构,不设行政级别,实行市场化机制管理模式,实行理事会领导下的主任负责制。理事会由省政府决定成立,是实验室管理运行最高决策机构。理事会成员由江苏省与南京市领导、实验室负责人与业界专家组成。紫金山实验室建立开放协作、以重大任务为驱动的科研组织构架,初期重点建设 3 个功能实验室、1 个交叉实验室和一系列伙伴实验室,组织开展协同科技攻关。

(2)创新领域布局。紫金山实验室充分利用南京在未来网络、5G 发展及演进和毫米波核心器件等方面的基础技术优势,聚焦国家重大战略,以未来网络、新型通信和网络通信内生安全为主攻方向,吸收国内外网络通信与安全领域的著名专家参与,有机整合国内外优势科技资源,加强开放合作,统筹部署。

(3)重大设施建设。紫金山实验室建立了我国通信与信息领域唯一一项国家重大科技基础设施——未来网络试验设施(CENI)。这是全球首个基于全新架构构建的大规模、多尺度、跨学科试验环境,可满足国家下一代互联网、网络空间安全、天地一体化网络等重大试验验证需求,获得超前产业 5—10 年的创新成果,支撑国家网络强国战略。未来网络试验设施项目(CENI)预计总投资 16.7 亿元,其中国家安排投资 9 亿元,其余由地方配套资金及主管部门、项目承担单位自筹解决。

(4)高端人才汇聚。学术委员会是实验室科学研究的学术指导与咨询机构,由 5 位该领域的工程院院士组成。学术委员会对实验室的科研学术活动进行独立的决策咨询和目标监督活动。紫金山实验室以刘韵洁院士、尤肖虎教授、邬江兴院士为牵头人,筹建初期已集聚研究人员 90 余人,其中两院院士、长江学者等高端人才 30 余人。紫金山实验室实行灵活开放的聘用机制,专兼职相结合,在全球范围聘任科学家、工程师和科研管理人员。

五、量子信息与量子科技创新研究院

(1)协同组建模式。量子信息与量子科技创新研究院(以下简称量子

创新研究院)实行理事会领导下的院长负责制,采取"一总部、两分中心加网络"的组织模式,在合肥设立总部,在北京、上海设立分部,并通过与国内其他优秀团队组建联合实验室等方式,整合中科院优势研究力量,统筹全国高校院所和相关企业创新要素。量子创新研究院是推动量子信息科学国家实验室组建的核心主体,而该实验室则是合肥综合性国家科学中心的重要基石。

(2)创新领域布局。量子创新研究院围绕量子通信、量子计算与模拟、量子精密测量等重点研究领域,由潘建伟院士、杜江峰院士等牵头开展 17 个重大项目预研,并争取国家重点研发计划"量子调控与量子信息"专项 13 项、国拨经费近 5 亿元;安徽省设立"量子通信"科技重大专项项目,量子创新研究院与科大国盾、问天量子等企业联合组织实施成果转化;量子通信与量子计算等一批重大新兴产业专项项目列入安徽省"三重一创"建设。

(3)重大设施建设。量子创新研究院正投入建设一批重大科学技术设施,包括空地一体化广域量子通信网络基础设施、量子功能材料与精准物性表征平台、稳态强磁场量子科学研究平台、微纳研究与制造平台、电子学支撑平台等。

(4)高端人才汇聚。量子创新研究院各研究部下统筹设置了 60 余个研究室和技术支撑平台,形成一批科研骨干队伍,包括中科院院士和工程院院士 23 名,其他各类国家级科学技术荣誉和优秀人才计划入选者共计 189 余人。赋予科技领军人才技术路线决策权、项目经费调剂权、创新团队组建权,打造一批能够发挥"塔尖效应"的科技领军人才和创新团队。

六、中科院宁波材料技术与工程研究所

中科院宁波材料技术与工程研究所(NIIMTECH,简称宁波材料所)成立于 2004 年 4 月,是中国科学院在浙江布局建立的首家国家级研究机

构,是中国科学院在"知识创新工程"试点工作向"创新跨越、持续发展"推进的新阶段,与地方政府共同出资建设的一个新的直属科研机构。目前的宁波材料所下设材料技术研究所、新能源技术研究所、先进制造技术研究所和生物医学工程研究所四个非法人研究所,形成了"一院四所"的架构格局。

截至 2019 年 12 月底,宁波材料所共承担了各类科研项目 4179 项,获得竞争性科研经费 39 亿元。累计发表论文 5264 篇;申请专利 3973 件,授权专利 1894 件;2014、2015 年连续入选全国研究机构专利十强;2015、2017、2019 年三年获得中国专利优秀奖,2018 年获得宁波市发明创新大赛金奖,2019 年成为浙江省首家通过《科研组织知识产权管理规范》国家标准认证的科研机构。

(1)协同组建模式。宁波材料所由中科院、浙江省政府和宁波市政府三方共建。中科院在其中发挥了科技国家队的支撑引领作用,为长三角经济迅猛发展和转型升级提供了坚实的智力支持。宁波材料所的建立不仅填补了当时中科院在全省研究机构中布局的空白,也极大地提升了宁波乃至浙江的自主创新能力,为宁波乃至浙江新材料产业发展提供了强大的创新动力,已成为全省新材料技术研究的人才、技术和创新高地。目前,宁波材料所积极推进与地方政府合作,"一院四所"的基本架构正转为"两院四中心"的组织结构。"两院"指国科大宁波材料工程学院与杭州湾研究院,二者致力于补齐人才引进与培养链,强化科研技术链。

(2)创新领域布局。宁波材料所主要围绕新材料、新能源、先进制造和生物医学工程四大领域开展科学研究。近年来,宁波材料所承担了一批国家和中科院重大任务,在固体氧化物燃料电池、碳纤维及其复合材料、石墨烯、海洋材料等方面产出了一批重大成果。

一是在新材料技术领域,材料所主要从应用需求牵引与创新技术驱动两个维度,开展若干领域新材料基础前沿探索、新工艺技术创新、新应用产业链集成的研究与开发,旨在通过原始创新和集成创新提升我国新材料产业的国际竞争力。

二是在新能源技术领域,材料所围绕新能源的"开发—转化—存储—利用"过程布局科研方向,面向国家新能源发展战略布局和产业技术前沿,重点开展能量转化、存贮及其高效利用过程中的新材料研发、工程化关键技术与成本控制研究,为新能源技术的发展与产业化提供系统解决方案。

三是在先进制造领域,材料所肩负贯通"材料—设计—制造"技术创新链的重要使命,重点部署复合材料智能制造与装备、功能器件制造与系统、极端制造工艺与系统、机器人与智能制造装备技术、制造信息技术等五大科研方向,促进先进制造技术向自动、精密、智能、绿色方向发展,提升我国制造业的竞争力,并为新材料、新能源和生物医学工程等技术领域产业化提供全方位支持。

四是在生物医学工程领域,材料所围绕"诊断—治疗—康复"人口健康产业价值链,重点布局先进诊疗材料与技术、生物医用材料与器械、数字诊疗技术与装备三大领域。重点开展重大疾病先进诊断材料与技术、智能医学影像分析技术、二代基因测序试剂与技术、内植入生物医用高分子材料、表面生物功能涂层技术、康复医疗器械等研究,助力生命健康的科技进步和产业发展。

(3)重大设施建设。宁波材料所建设了能够满足自身发展和产业需求的平台,具备了服务和支撑区域产业发展的能力。宁波材料所拥有公共测试、专业研发、工程化、先进制造等四大类支撑平台,拥有的先进科研装备高达5亿多元。建成碳纤维制备技术国家工程实验室、稀土永磁材料与应用技术国家工程实验室、中科院海洋新材料与应用技术重点实验室等省部级以上各类平台20余个。

(4)海外人才引育。通过实施一系列有效的人才引进培养计划和措施,宁波材料所从全球引进高层次人才300多人,组建了50多个创新团队,培养了一批青年科技人才,组建了一支创新能力强、能承担高集成度研发活动的创新团队。目前全所员工 1050 人,其中院士 2 名,杰青 3 人,科技部中青年创新领军人才 3 人,"万人计划"科技创新领军人才 4 人,青年拔尖人才 4 人。材料所拥有 9 个研究生培养点,2 个博士后流动站,目前在学研究生 1208 人。建所以来,通过国家、中科院、地方各类国际人才引进项目,共计引进国际伙伴及各层次学术骨干 59 人,其中,引进非华裔国际知名科学家 36 人,包括院士 3 人;引进非华裔国际博士后 23 人。合作伙伴遍及大多数西方发达国家,骨干人才多来源于印度、巴基斯坦、伊朗及部分非洲国家。

(5)国际交流合作。10 余年来,宁波材料所国际合作工作经历了一个从无到有、从萌芽到壮大、从自由交流到围绕核心有序发展的过程,总体呈现蓬勃向上的态势,也取得了显著的效果。建所初期,海外人才引进为国际合作的开展奠定了良好的基础。从 2011 年开始,随着海外引进人员层次的不断提高,通过积极的政策鼓励和有效的对外宣传,材料所国际知名度显著提高,国际往来交流量逐年增加,与国外知名大学、科研机构建立合作关系,国际合作网络逐步建立起来,在国内外各类国际合作项目及人才交流项目资源的争取上取得了成效;国际化发展氛围初步形成。

一是积极主办、承办会议,提升国际影响力。建所以来,宁波材料所组织各类国际会议数百次,包括世界知名周期性学术会议、双边及多边峰会、专题性学术研讨会及国际产业论坛等,如中澳(大利亚)会议、中乌(克兰)会议、两岸新材料趋势研讨会等双边高峰会议都取得了较大影响力。领域性的全球性、周期性会议如 IEEE 年会等高影响力的会议也相继由材料所参与承办。

二是开展国际交流,构建全球合作网络。宁波材料所与 30 多个国家的 200 多家国外大学、科研机构、著名企业签署合作协议 200 余个,不仅与世界一流大学、科研机构在基础前沿领域开展高水平科研合作,还和世界

500强企业,如壳牌、波音、通用、LG、博世、GE、Sabic等开展联合研发和技术合作。在此背景下,宁波材料所远赴国外参加国际会议、开展合作研究人数逐年增加,2018年派出人数达到173人次。国际合作与交流支出占比达到全年科技活动经费总支出的9%~10%。

为响应国家"一带一路"倡议,宁波材料所积极与中东欧、东南亚科研机构开展实质合作。2018年,与中东欧主要国家建立合作关系,与乌克兰国家科学院4家历史悠久的研究所签署了战略合作协议;与马来西亚国家创新中心建立深入合作关系,在特色生物资源综合利用领域开展多元化合作。

七、江苏省产业技术研究院

江苏省产业技术研究院(简称江苏产研院)成立于2013年9月,定位于科学到技术转化的关键环节,着力打通科技成果向现实生产力转化的通道,为产业发展持续提供技术。江苏产研院发挥两个桥梁的作用——大学(科学院)与工业界的桥梁和全球创新资源与江苏工业的桥梁,将"研发作为产业、技术作为商品",构建促进产业技术研发与转化的创新生态体系,打造研发产业梦想。未来江苏产研院将成为全球重大基础研究成果的聚集地和产业技术输出地,为产业转型升级和未来产业发展持续提供技术支撑。

作为典型的新型研发机构,江苏产研院致力于建立新制度,其建设坚持一个方向,突出两大功能,引导三类资源。具体来说,江苏产研院坚持健全产业技术创新的市场导向机制,突出服务企业创新和引导产业发展两大功能,引导高校优势学科平台、科研院所研发力量和国际一流创新成果服务中小企业和产业创新发展。江苏产研院坚持课题来自市场需求,成果交由市场检验,绩效通过市场评估,财政支持由市场决定,充分发挥市场对技术创新研发方向、路线选择、要素价格、各类创新资源要素配置的导向作用。

（1）协同组建模式。江苏产业技术研究院由总院和专业性研究所组成，实行理事会领导下的院长负责制。总院为具有独立法人资格的省属事业单位，主要开展研究所的遴选、业务指导、绩效考评、前瞻性科研资助以及重大项目组织、产业技术发展研究等。专业性研究所由江苏境内的产业技术研发机构申请，经审定后确认产生，与总院签署加盟协议，其原有机构性质、隶属关系、投资建设主体和对外法律地位等保持不变。主要开展产业核心技术、共性关键技术和重大战略性前瞻性技术等研究与开发，储备产业未来发展的战略性前瞻性技术和目标产品。

（2）体制机制创新。江苏产研院大刀阔斧地实施四项改革。一是"一所两制"。专业研究所同时拥有在高校院所运行机制下开展高水平创新研究的研究人员和独立法人实体聘用的专职从事二次开发的研究人员，两类人员实行两种管理体制。"一所两制"举措的实施，特别是独立法人实体的建设，充分调动了地方和企业的积极性，大大促进了高校院所研究人员创新成果向市场转化，同时也对高校院所体制机制改革，特别是教师评价考核机制的改革起到了积极的促进作用。二是科研经费市场化。江苏产研院改变以往财政对研究所的支持方式，不再按项目分配固定的科研经费，根据研究所服务企业的科研绩效决定支持经费，从而发挥市场在创新资源配置中的决定性作用。科研绩效由合同科研绩效、纵向科研绩效、衍生孵化企业绩效等方面进行综合计算。三是项目经理赋权。江苏产研院赋予项目经理组织研发团队、提出研发课题、决定经费分配的权利，集中资源，着力攻关工科重大关键技术，形成先发优势。四是实行股权激励。专业研究所拥有科技成果的所有权和处置权，并且鼓励研究所让科技人员更多地享有技术升值的收益，通过股权收益、期权确定等方式，充分调动科技人员创新创业的积极性，让科技人员"名利双收"。

（3）高端人才引进。江苏产研院立足江苏省重点发展产业及战略必争领域，面向世界一流高校、科研机构和国际顶尖科技型企业，引进国际战略科学家。通过聘为江苏产研院项目经理、引导到专业研究所工作、聘为江苏省产业转型发展特别顾问、定期组织产业技术国际会议等形式,实现国际战略科学家与江苏省产业技术研发过程的全方位对接。

(4)国际资源汇聚。江苏产研院充分发挥各类海外资源集聚渠道作用,收集全球范围内江苏省重点产业领域的原创性研究成果信息,建立全球产业技术研究成果信息库。加强与国际知名的跨国技术转移机构联系,围绕江苏省产业基础较好、企业需求量较大的专业领域,引导江苏省高水平产业技术研发机构和龙头企业迅速融入全球技术成果交易市场。江苏产研院依托设立在美国硅谷的创源 Inno Spring 孵化器,设立江苏省产业技术研究院(北美),打造江苏产研院在北美区域的工作平台,成为江苏省在北美区域展开创新工作及合作交流的重要窗口,为北美的创新企业、人才、项目到江苏产研院进行应用研发以及商业化提供支持与服务。另外,江苏产研院还在硅谷、加拿大、哥本哈根、休斯敦、斯图加特、波士顿等地均设置了代表处,促进了国际资源引进。

八、浙江清华长三角研究院

浙江清华长三角研究院(简称清华长三院)由浙江省与清华大学联合共建。清华长三院创建了分析测试中心和 5 个研究所等主要研发平台,拥有 2 个省级重点实验室、多个省级重点创新平台,以及国家级科学仪器产业技术创新联盟、国家食品安全风险评估中心、清华大学中国发展规划中心长三角分中心。

清华长三院坚持政产学研金介用一体化发展模式,充分发挥创新生态系统中各主体的作用,推动区域产业升级。被称为"北斗七星论"的发展模式的特点是以政府为支撑、以大学为依托,注重开展应用性技术研究,以满足市场服务用户为落脚点,实行企业化管理的运行方式,金融机构与中介机构充分参与和密切配合。清华长三院直接参与管理的基金总规模超过

75亿元,引进和带动的子基金规模超过100亿元。同时,清华长三院搭建海外孵化器、开展"海外学子浙江行"等桥梁,促进科技成果转化。

(1)协同组建模式。清华长三院是由浙江省人民政府与清华大学本着优势互补、共同发展的精神联合组建的研究机构,为实行企业化管理的事业单位。研究院实行理事会领导下的院长负责制,理事会由浙江省、嘉兴市和清华大学等相关领导组成,就重要问题进行定期磋商。为充分发挥高水平大学对区域发展的引领作用,浙江省将合力推进清华长三院发展建设作为"十三五"期间省校合作的重中之重。嘉兴市对研究院推荐的人才和项目给予一事一议的重点支持,全面深化院市合作对接。

(2)创新领域布局。研究院坚持面向市场、聚焦产业,研究领域涵盖生物医药、生态环保、信息技术等战略新型领域。由研究院领衔的柔性电子、数字创意重大项目被写入浙江省第十四次党代会报告。在生态环境、食品安全等领域分别牵头承担"食品安全风险分级评价与智能化监督关键技术研究""分散生活污水处理设施智慧监测控制系统设备与平台"等国家重点研发计划;在"氢能"领域,聚集了汽车社会、新能源汽车、氢燃料电池技术等7个团队,覆盖了从新能源电池、零部件到整车生产的完整研究领域,技术引领和支撑能力不断提升(胡春江、范力洁,2020)。

(3)体制机制创新。作为实行自收自支的事业单位,研究院按照适应市场经济和科技发展规律的新体制和机制独立运行。这一组织定性为清华长三院开展体制机制创新提供了有利条件。

在人员管理上,清华长三院突破事业单位编制限制,薪酬体系全院一盘棋,均采用绩效管理模式。研究院对党政管理类、经营业务类及专业技术类干部实行"分类管理",打通了研究、开发、市场、企业孵化等环节的人才结构通道。在考核方面,对科研团队、业务团队和管理团队分别考核"科研当量""业务实绩"和"服务质量",提倡部门资源与发展、实绩相匹配。在激励方面,运用市场化、科学化的方式激励人才,如探索建立"既源于市场,也依靠市场"的体制机制,强调让团队作为考核和激励的主体,获得更大的资源调配权和主动权,促使人才创新创造活力充分迸发。

(4)海外服务辐射。目前,全院总人数达300余人,从事研究和技术转移人员占比达90%以上。已在美国、加拿大、德国、澳大利亚等10余个国家和地区设立20余个国际联络处,在硅谷、波士顿、悉尼、纽约等城市和地区设立8家离岸服务器,服务范围覆盖海外25万余人。

第三节　浙江省科技创新平台建设的新形势新挑战

伴随着新一轮科技革命和产业变革迅猛发展,信息技术、生物技术、新材料技术、新能源技术广泛渗透,重大颠覆性创新不断涌现,科技创新成为重塑世界经济结构和竞争格局的关键。长三角一体化发展上升为国家战略,为科技创新平台建设,尤其是科技创新平台跨区域协同建设带来新的机遇。然而,必须注意到,浙江省在建设科技创新平台上依然存在许多挑战。

一、国际资源引入的不确定性增大

中美贸易战持续升级,中美脱钩风险加大,新冠肺炎疫情带来全球经济增长放缓,国际上保护主义、单边主义抬头,世界环境不确定性较大。以美国制裁中兴、华为和国内知名理工科高校为代表的科技战更警示我们科技创新面临更加复杂多变、动荡的国际环境,提升自主创新能力势在必行。

二、国内各地创新资源争夺力度加大

为落实创新驱动战略,各省市八仙过海,各显神通,出台优惠政策吸引大院名校在本地组建分支机构、高层次人才落户。以进入白热化阶段的人才争夺为例,深圳实行"孔雀计划",对入选的人才给予160万~300万元的奖励补贴,人才享受落户、子女入学、配偶就业、医疗保险等方面的待遇政策,深圳还在创业启动、项目研发、政策配套、成果转化等方面支持海外高层次人才创新创业。广州市对入选"红棉计划"的人才提供 100 万~200 万元的奖励。青岛市对全职引进、自主培养的顶尖人才给予 500 万元安家费,对高层次人才给予 30 万~100 万元的配套支持。

三、长三角区域内资源分散、条块分割

由于服务于科技创新的一体化市场机制尚不完善,以致条块分割、资源分散等问题突出,各地之间往往自成体系、各自为政,缺乏有效的区域联动。同时,区域内高校、科研机构密集性地区相较欠缺地区存在资源配置不均等情况,尽管目前已建成若干大型资源共享平台,但是诸如城市间重大科技基础设施、科技成果数据库、专家库等创新资源要素仍未充分开放共享,既有科技资源共享平台和网络建设亦远未达到合作协议设定的目标,实际成效相对有限。

四、浙江创新优势去中心化风险增大

由于区域中创新资源的非匀质分布,长三角地区不同城市的创新发展水平差异较大,浙江与上海存在较大创新位势差异,浙江面临着高层次人才、高科技创新企业与高能级科技创新平台被上海吸纳的潜在风险。换句话说,上海对浙江创新资源的虹吸效应增加了浙江创新优势去中心化的风险。

第四节 协同长三角共建高能级科技创新平台的
基本思路

在国际外部环境动荡、创新资源争夺加剧、创新优势去中心化风险加大的背景下,跨省域多主体共建科技创新平台,集聚高端创新资源、提升存

量资源协同效应、优化增量资源协同配置,提高区域创新能力应成为浙江省加强自主创新能力、提升产业竞争力的重要政策抓手。

一、主要任务

浙江省应紧紧抓住长三角区域一体化上升为国家战略的契机,推动高能级科技创新平台的建设工作,实现创新主体高效协同、创新要素顺畅流动、创新资源优化配置。高能级科技创新平台应面向国家战略目标和浙江省重大需求,切实解决产业关键共性技术,具有承接国家与浙江省重大战略任务、支撑区域重大需求的能力。

浙江省应立足数字经济的比较优势,面向国家与区域重大战略,高起点、高标准、高水平建设科技创新平台。强化顶层设计,紧扣传统产业升级与未来产业培育发展,围绕产业链布局创新链,整合优化一批覆盖创新链到产业链的科技创新平台,协同建设一批高能级科技创新平台,提高自主创新能力,支持产业转型升级,为实现浙江省中长期产业规划提供智力支持。

二、整体思路

首先,强化战略协同,实现错位发展。强化浙江省与长三角地区其他省市的战略协同,发挥数字经济领先的特色优势,形成互相促进、错落有致、梯度有序的科技创新共同体。围绕信息技术、生命健康和物质科学的交叉领域,前瞻布局跨省域高能级科技创新载体。强化浙江省内各城市的战略协同,以杭州为龙头,明确宁波、绍兴、嘉兴等城市分工,推动周边城市接轨杭州,融入科技创新合作圈。

其次,面向重点产业,助力转型升级。突出数字经济"一号工程",围绕"互联网+"、生命健康两大世界科技创新高地进行超前布局,培育壮大高端高新产业,打造创新驱动经济增长新引擎。面向高端装备制造、信息网络、高性能材料、生物医药、绿色石化等重点技术领域,紧扣战略性新兴产业发展需求,持续优化创新布局。强化科技战略与产业战略的协同,聚焦重点培育的未来产业和传统产业升级。尽快建成以信息经济为主导、以杭州城西科创大走廊为主平台,以杭州湾创新型城市群为主体的"互联网＋"世界科技创新高地。

再次,推动双链融合,实现多元共建。围绕产业链布局创新链,着力打通"原始创新—技术创新—产业创新"的创新链条。以产业链条为指引,依托高校、科研院所与行业领军企业,通过跨单位联合组建的方式建立科技创新平台。打造共性技术研发平台,以产业需求为指引,鼓励创新能力强、行业影响力大的龙头企业联合高水平高校院所建设重点实验室、工程(技术)研究中心。

最后,突出资源共享,实现能力跃升。打造科技创新资源共享服务网络,建立科技资源开放共享的利益分配机制,加快人才等关键要素的流通互动,不断提高浙江省聚集高端创新资源能力。

三、实现路径

一是整合优化现有科技创新平台,加强统筹规划和系统布局。浙江省可以杭州城西科创大走廊为龙头,统筹全省科技创新平台资源,优化科技创新区域布局,形成协同创新合力。加强青山湖科技城、未来科技城、宁波新材料科技城、嘉兴科技城、舟山海洋科学城等科技创新平台的合作对接,加快推进杭州城西科创大走廊的建设。

二是支持现有高能级科技创新平台协同发展。全力支持之江实验室争创国家实验室,密切跟踪国家重点实验室优化重组进展,争取新体系中的有利位置。支持西湖大学、中科院浙江肿瘤与基础医学研究所、清华长三院等开展新型研发机构探索。注重不同平台间的"点线连接",最大程度发挥科技创新平台的相互支撑功能和创新衍生效应。

三是跨省域多主体建设高能级科技创新平台。引导沪苏皖的高水平大学与科研机构来浙共建科技创新平台,争取国家重大科技项目、国家实验室或其分支机构落户浙江,努力建设国家大科学设施和国家科学中心。支持阿里巴巴等行业龙头企业联合金融机构、高校、科研院所和行业上下游共建产业协同创新共同体,主导或参与重大科研装置、技术创新中心、企业研究院、新型研发机构建设,突破关键共性技术,支撑重大产品研发。支持省内科研机构或行业龙头企业与科技主管部门深度协同,建立联合研发中心、工程化实验室与技术研发服务平台,加快长三角地区大科学大工程的研发成果及时落地转化。

第五节　协同长三角打造高能级科技创新平台的对策建议

为落实《中共浙江省委关于建设高素质强大人才队伍 打造高水平创新型省份的决定》,面向"十四五"及中长期区域创新赋能重大需求,进一步凸显长三角科技创新共同体建设中的浙江地位、浙江优势,围绕浙江省现阶段已确定的重大科技创新任务,我们提出以下建议供决策参考。

一、加快高水平人才聚集与培养

建立具有竞争力的人才集聚机制,构建与人才贡献相匹配的、具有市场竞争力的薪酬制度,保障科技成果完成人从科技成果转化中依法获得现金与股份,完善科研人员企业兼职、离岗创业制度,给予科研人员充分的物质保障与精神鼓励。构建充满活力的人才使用机制,实行市场化、报备员额、"双聘"等灵活的用人制度,促进人才合理流动、优化人才配置。建立全方位的人才保障机制,为人才提供购房、社保缴纳、子女入学等保障制度,推进职称、人事档案管理等跨区域科技人才制度衔接。强化行业领军企业、高新技术企业在集聚和培养拔尖创新人才中的作用。

二、促进技术联合攻关

鼓励跨省域联合研发,设立长三角地区协同创新专项资金,面向三省一市的高校、科研机构、科技企业进行招标,完善三省一市高新技术企业、科技型中小企业、创新平台、科技成果等互认制度。集成浙江大学、阿里巴巴达摩院、浙江中控及省内外其他优势企业和科研机构,高水平共建"高尖精特"创新载体合作机制,协力推动全球高端创新资源的集聚、链接与互动。支持阿里巴巴等创新能力强的龙头企业参与技术联合攻关,推动实验室与行业领军企业深度融合,让领军企业嵌入研发过程、分享研发成果,进一步推动创新链与产业链两链融合。鼓励之江实验室、西湖大学等新型研发机构参与技术联合攻关。

三、促进科技创新平台资源共享

打破创新资源条块壁垒,破解"孤岛"效应。推进各省市相互开放国家级和省级重点实验室、中试基地和科技经济基础数据等信息资源。以国家科技创新体系和信息化建设为依托,采取多种奖励方式对表现优秀和做出显著贡献和企业和研究所提供优厚的补助。此外,需要优化共享服务定价机制和合同制度,鼓励各类企业、研究所和创新平台等机构开放共享制度,完善共享体系,探索科技资源开发共享法人责任制,建立科技资源利用和共享情况公示制度,建立服务效果在线监控和反馈机制,并逐步建成资源集成、技术先进、开放共享的新型科技创新共享平台。

第四章 构建长三角区域科技资源
共用共享机制

　　科技资源共建共享是实现我国创新驱动发展战略的重要途径,也是激发区域创新活力、提高科技创新效率、增强区域创新能力的现实选择。长三角地区作为我国经济发展和科技创新活动的先行区,在全国实施创新战略中占据重要地位,尤其是在长三角一体化上升为国家战略,以及构建长三角科技创新共同体的大背景下,研究如何实现长三角区域科技资源的共用共享迫在眉睫。围绕《"十三五"国家科技创新规划》提出的促进科技资源互联互通与开放共享、强化创新服务平台建设以及推动跨区域协同创新的规划要求,长三角地区在2019年4月正式开通了长三角科技资源共享服务平台,为长三角科技创新共同体建设迈进了一大步。但长三角区域科技资源共用共享的总体现状仍不容乐观,存在诸多障碍和问题。鉴于此,本书在分析长三角地区科技资源空间分布及共用共享现状的基础上,剖析科技资源共用共享存在的主要问题及原因,并借鉴国内外有关科技资源共享方面的成功经验,对浙江省今后科技工作提出具有针对性、可操作性的政策建议。

第一节　长三角区域科技资源分布特征

早期的科技资源主要指科技人力资源、物力资源（设备、仪器等）和财力资源这三大类，随着互联网和信息技术的发展，周寄中（1999）在《科技资源论》一书中认为科技资源是科技活动的物质基础，是创造科技成果，推动整个经济和社会发展的要素集合，因此科技资源不仅包括人力、财力、物力资源，还应包括科技信息资源（如文献、专利、科学数据等）。之后，一些学者在此基础上引入科技政策、市场资源、创新环境资源等。由此可见，科技资源指从事科技活动的人力、物力、财力以及组织、管理、信息等软硬件要素的资源集合，包括仪器设备与研究实验基地、科技人才、科技文献、科学数据、科技成果、企业资源等。长三角地区是我国科技资源相对比较集中和富裕的区域，下面以我国 2010—2020 年《中国科技统计年鉴》，以及长三角地区三省一市的统计年鉴和浙江省科技统计公报数据为基础，分析长三角地区科技资源分布和共享情况。

一、科技人员数量快速增长，但质量还有待提升

科技人力资源是科技活动的行动主体和创造源泉，包括直接从事科技创新活动以及参与科研管理的专业技术人员，其数量和质量是衡量一个地区科技创新能力的重要指标。长三角地区深入实施创新驱动核心战略，随着科技人才投入力度的不断增加，科技人员数量稳步提升，研究与试验发展（R&D）人员全时当量数量从 2009 年的 65.09 万人年增加到 2019 年的 151.10 万人年，增长了 1.3 倍。从增长速度看，2009—2014 年的科研人员增长速度较快，2014 年之后增长速度有所放缓，2019 年增长速度有明显提升，11 年间的年均增速保持在 10.0% 左右，这个年均增长率已远远超过了全国的平均增长速度（见图 4.1）。从年龄结构看，女性 R&D 人员占总研

发人员的比重有所增加,从 2009 年的 22.6% 增加到 2019 年的 24.6%,2019 年长三角地区女性 R&D 人员达到 53.3 万人。

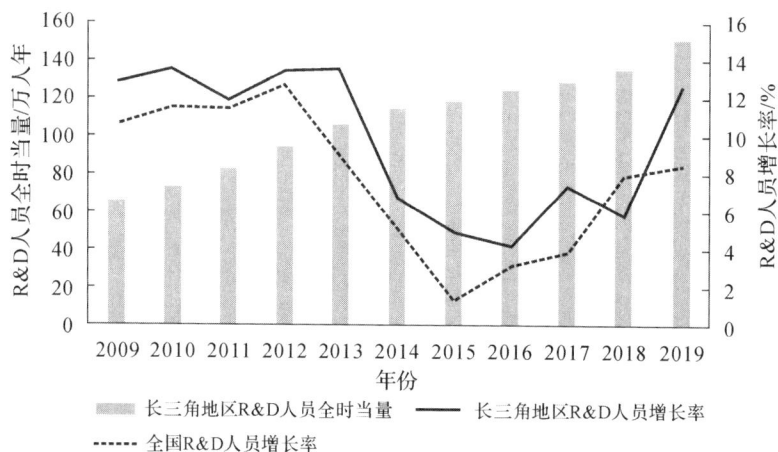

图 4.1　长三角地区 R&D 人员全时当量变化情况

与京津冀和珠三角地区相比较,长三角地区科技人员数量占据绝对优势,2019 年长三角地区 R&D 人员全时当量占全国的 31.1%,京津冀地区和珠三角地区 R&D 人员全时当量分别为 53.5 万人年和 81.3 万人年,占全国的比重分别为 11.0% 和 16.7%。自 2009 年,长三角地区科技人员数量占全国的比重稳中略有提升(从 2009 年的 28.4% 上升到 2019 年的 31.1%),说明长三角地区有吸引科技人才的良好环境,有利于科技人力资源的快速积累,已是我国科技人才的集聚区。京津冀地区科技人员占全国的比重基本保持在 12% 上下,2018 年和 2019 年略有下降;珠三角地区从 2009 年的 12.4% 上升到 2012 年的 15.2%,之后呈下降趋势,到 2016 年下降到 13.3%,2019 年又回升到 16.7%,说明珠三角科技人才队伍流动性较强(见表 4.1)。

表 4.1　三大都市圈科技人力资源在全国的占比情况

单位:%

年份	长三角	京津冀	珠三角
2009	28.4	13.1	12.4
2010	28.9	12.3	13.5
2011	28.7	12.6	14.2
2012	28.8	12.4	15.2
2013	30.1	12.2	14.2
2014	30.6	12.4	13.7
2015	31.7	14.9	13.3
2016	32.0	12.5	13.3
2017	31.8	12.1	14.0
2018	30.9	10.7	17.4
2019	31.1	11.0	16.7

从科技人员的学历结构看,长三角地区高水平科技人员比重相对较低,其中拥有博士学位的科技人员比重近 11 年来略有提升,占总科研人员的比例从 2009 年的 4.9% 上升到 2019 年的 6.7%,拥有硕士学位的科研人员比重基本维持在 11%～12%,近 11 年来没有太大的波动,拥有本科学位的科研人员比重增长较快,从 2009 年的 27.8% 增加到 2019 年的 38.7%。与全国的平均水平相比,长三角地区无论是拥有博士学位,还是拥有硕士和本科学位的科研人员比重都要低于全国。以 2019 年为例,全国拥有博士学位的科研人员占比为 8.5%,比长三角地区高出 1.8 个百分点;拥有硕士学位的科研人员占比为 14.6%,比长三角地区高出 2.9 个百分点;拥有本科学位的科研人员占比为 40.6%,比长三角地区高出 1.9 个百分点。

从三大都市圈的比较情况看,京津冀地区科技人员的学历最高,尤其是拥有博士学位的科技人员占比远远高出其他地区,2019 年达到 17.0%,

超出长三角地区 10.3 个百分点;京津冀地区拥有硕士学位和本科学位的科技人员占比也比长三角地区分别高出 7.6 个百分点和 4.2 个百分点。珠三角地区拥有博士学位的科技人员占比(4.8%)略低于长三角地区,但拥有硕士学位的科技人员占比要高出长三角地区 0.9 个百分点,拥有本科学位的科技人员占比与长三角地区基本持平(见图 4.2)。总体来看,我国科技人员的学历结构在不断优化,高水平的科技人员数量也在不断壮大,说明我国实施科教兴国、人才强国等战略,以及科技体制改革等措施已取得显著成效,培养和积累了更多的优秀科技人才,但也看到,长三角地区在科技人员数量占绝对优势的情况下,科技人员的质量水平还有很大提升空间。

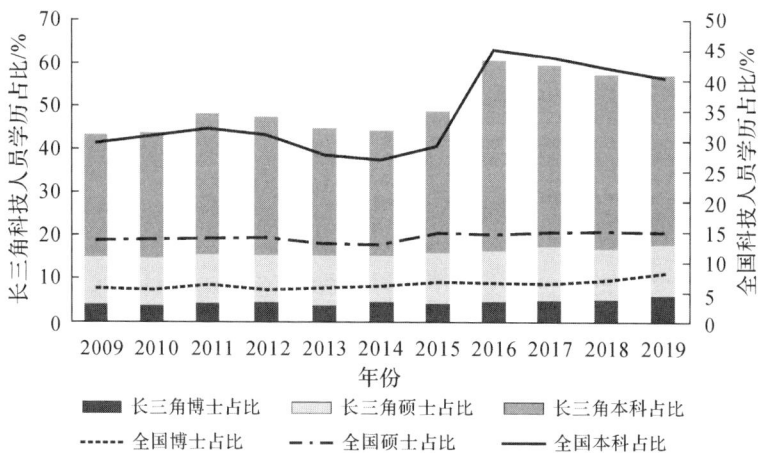

图 4.2　长三角地区和全国科技人员学历结构情况

　　从科技人员从事的研发活动类型看,2019 年长三角地区研发人员在基础研究、应用研究、试验发展三类活动的分配比例分别为 5.4%、8.1%、86.5%,试验发展占比最高,基础研究占比最低。从演变趋势看,从事基础研究的研发人员比例基本保持稳定;从事应用研究的研发人员比重呈逐年下降趋势,从 2009 年的 9.1% 下降到 2019 年的 8.1%;从事试验发展的研发人员比重保持稳步提升,从 2009 年的 85.8% 上升到

2019 年的 86.5%。

　　与京津冀地区、珠三角地区及全国的比较情况看,珠三角地区与长三角地区的研发人员分配比例较为相似。珠三角从事基础研究的研发人员比例略低于长三角地区,只有 3.7%,也远低于全国的平均水平(8.2%),而从事试验发展的研发人员比例达到了 88.9%,反映出珠三角和长三角两个地区试验发展领域集聚程度极高。京津冀地区从事基础研究和应用研究的研发人员占比较高,分别为 15.4%、24.9%,远远高于长三角和珠三角地区,而且从发展趋势看,京津冀地区近 11 年来从事基础研究的研发人员比例一直在提升,说明其对基础研究越来越重视。反观长三角地区从事基础研究的研发人员投入相对不足,这不利于长三角地区科技前沿和高端研究的有序推进和持续创新能力的提升,因此,长三角地区在科技人员投入结构方面还可以再进一步改善和优化(见图 4.3)。

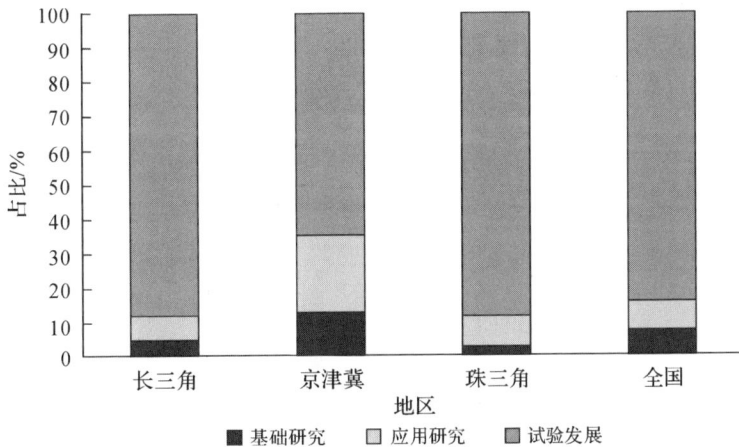

图 4.3　从事三类研发活动的科技人员比例分配情况

二、科研经费投入强度大,但经费支出结构不合理

　　随着我国经济水平和综合国力的显著提高,科研经费的投入强度也呈

明显上升的趋势,从 2009 年 R&D 经费投入额 5802 亿元增加到 2019 年的 22144 亿元,保持着年均 20.0% 的增长速度。长三角地区作为我国科技创新的先行区,科研经费的投入一直保持着较高水平,从研发经费总量看,2009 年长三角地区为 1660 亿元,占全国科研经费的 28.6%,2019 年达到 6728 亿元,11 年间增长了 3.1 倍,在全国科研经费总量的占比也提高到 30.4%。从三大都市圈比较看,长三角地区科研经费投入总量远远高于京津冀和珠三角地区,以 2019 年为例,长三角地区的 R&D 经费支出超出了京津冀和珠三角两个地区的加总之和。

从 R&D 经费投入强度指数①看,长三角地区 R&D 经费投入强度从 2009 年的 1.98 提高到 2019 年的 2.93,比全国平均水平(2.23)高出 0.70。从图 4.4 中可以看出,长三角地区 R&D 经费投入强度略高于珠三角地区,但与京津冀地区相比还存在一定差距,2009 年京津冀地区 R&D 经费

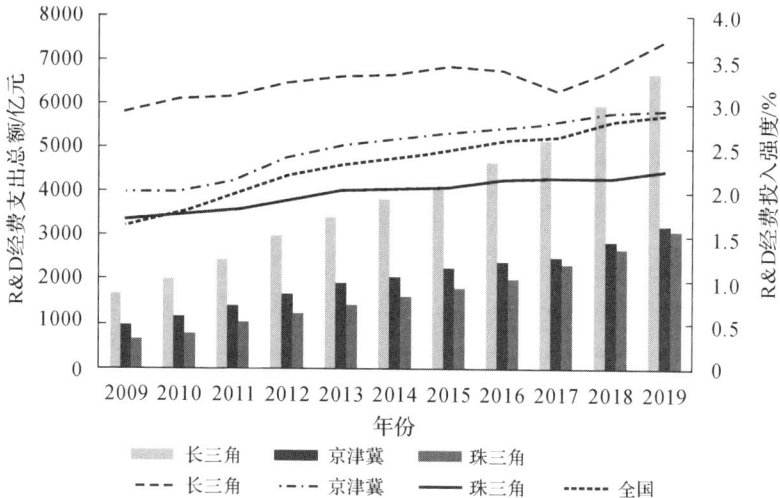

图 4.4　三大都市圈科研经费投入情况

———————

　　① R&D 经费投入强度指数:R&D 经费支出与地区生产总值之比,是国际上用于衡量科技创新方面努力程度的重要指标。

投入强度就已经达到了 2.88,长三角地区到 2018 年才达到京津冀地区 2009 年的水平,不过两者的差距在不断缩小,说明长三角地区 R&D 经费投入强度的增长速度在加快。放眼全球,将长三角地区 R&D 经费投入强度与世界主要经济体相比,更能看出长三角地区科技经费投入增长速率之快。从 OECD 的 38 个成员国 R&D 经费投入强度看,2019 年长三角地区 R&D 经费投入强度已超过了意大利、法国、英国、加拿大等国,投入强度已远远领先于中等发达国家水平,但与日本、德国、瑞典、韩国、美国等发达经济体相比还存在一定差距,因此长三角地区科技发展之路仍任重而道远。

从科研经费来源结构看,随着我国市场经济和科技体制改革的推进,科技经费投入逐步面向市场化,企业资金投入占全部 R&D 经费投入的比重越来越大。截至 2019 年,长三角地区企业资金投入占总研发经费投入的 81.6%,成为科技活动的最主要单位,政府资金投入维持在 15.0%～17.0%。珠三角地区的企业资金投入强度更大,达到了 85.5%,政府资金投入比例只有 12.8%左右,这主要与我国提倡研究机构面向市场化改革要求相一致,以及与长三角和珠三角地区拥有发达的民营经济有关。京津冀地区的政府资金投入明显高于其他地区,2019 年达到了 37.2%,企业资金投入占 56.3%。从全国情况看,政府的资金投入占 20.5%,企业资金投入占 76.3%。与世界主要经济体相比,长三角地区企业资金投入比重已超过日本、韩国、美国、德国等发达国家,说明企业对政府拨款的依赖程度进一步下降,自筹资金已经成为企业科技活动资金的最主要来源。长三角地区其他资金来源比重太低,比如国外基金来源比重逐年下降,从 2009 年的 1.9%下降到 2019 年的 0.2%,这与长三角地区打造国际化大都市圈的目标不相符,因此长三角地区在保持企业资金来源占主导地位的基础上,要拓宽科研经费来源渠道,尤其是在吸引国外资金投入方面大有可为(见图 4.5)。

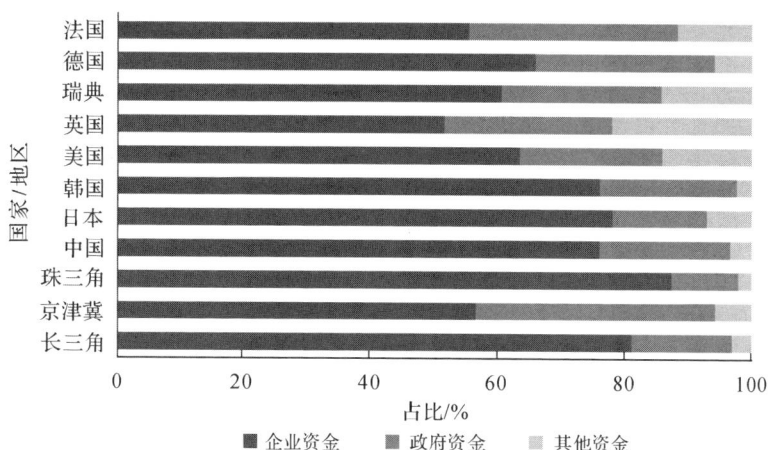

图 4.5 不同资金来源占研发经费投入的比重情况

从科研经费支出结构看,长三角地区在基础研究、应用研究与试验发展三类科技活动中的经费支出比重分别为 4.4%、8.0%、87.6%,其中,基础研究比例最低,低于全国平均水平(6.0%),试验发展比例最高,高出全国平均水平5个百分点。从国内三大都市圈比较看,珠三角的研发经费支出比例与长三角极为相似,京津冀地区基础研究和应用研究比例都比较高,分别为 12.1%、20.6%。从演变趋势看,近 11 年来,长三角地区在基础研究方面投入的研发经费比重一直维持在 4.0% 左右,没有太大的波动,应用研究的经费投入比重略有下降,从 2009 年的 9.2% 下降到 2019 年的 8.0%,试验发展的经费投入比例一直居高不下,每年都超过 85.0%。京津冀地区比较注重基础研究活动,其研发经费投入比重从 2009 年8.3%增加到 2019 年的 12.1%,应用研究比重从 2011 年开始基本维持在18%～19%。从国际比较看,长三角地区的基础研究和应用研究经费投入比重都远低于其他经济体,尤其是基础研究的比重只有意大利、法国等国家的 1/4,与日本、韩国等亚洲国家相比,也只有不到 1/3。基础研究是提高原始性创新能力、积累智力资本的重要途径,是跻身世界科技强国的必要条件,是建设创新型国家的根本动力和源泉。虽然我国的基础研究受到政策倾斜和照顾,发布的文件、报告中均将基础研究作为部署、发展的重要环节予以支持,但研发经费投入比例情况可见一斑。长三角地区的基础研究经费投入最为薄弱,且未能呈现增长趋势,这也一定程度造成了在基础研究方面与发达经济体的差距。应用研究投入占总投入的比重,虽然不像基础性研究那样薄弱,但是与发达经济体相比仍显不足,而且其比重呈现逐年下降趋势,因此,长三角地区有必要进一步深化科技体制改革,加强基础研究工作建设,同时应面向市场,提升成果转化率(见图 4.6)。

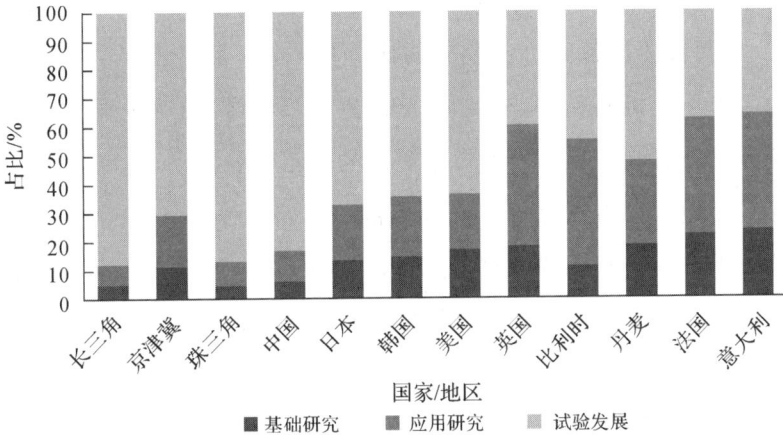

图 4.6　研发经费支出在三类科研活动中的分配情况

三、科技物力资源快速积累,配置更趋合理

科技物力资源作为科技活动的物质保障和基础条件,是科技投入必不可少的要素,主要包括仪器设备、研究机构、试验场地等。由于企业是我国科技活动的主体,下面以规模以上工业企业科技物力资源投入情况展开分析。从企业办研发机构数量上看,长三角地区 2010 年有 6765 家,占全国总量的 40.5%,2019 年增加到 43434 家,占全国的比重也提高到 45.5%,总量上远远超过珠三角和京津冀地区。从增长速度上看,珠三角地区企业办研发机构数的增幅超过了长三角地区,在全国的占比从 2010 年的

12.5%增长到 2019 年的 27.1%,京津冀地区企业办研发机构数量虽然从 2010 年的 990 家增加到 2019 年的 3177 家,但远不如全国的平均增长速度,因此在全国的占比从 2010 年的 5.9%下降到 2019 年的 3.3%。

从仪器和设备原价来衡量的科技物力资源看,长三角地区无论是在仪器设备总价值还是在增长速度方面都远超过珠三角和京津冀地区,2019 年仪器设备原价达到 3224 亿元,占全国总量的 34.2%,2010—2019 年仪器设备原价年均增长率超过 40%,珠三角地区仪器设备原价总量近 10 年间虽有小幅增长,但与长三角相比不足长三角地区总量的一半,京津冀地区近 10 年间仪器设备原价占全国的比重从 7.3%下降到 4.7%。随着长三角地区市场化机制和科技体制改革的进一步加深,推动科研仪器设备等物力资源从公有制企业向生产效率更高的私营企业流动,这也是长三角地区和珠三角地区物力资源相对比较丰富的原因之一。且在长三角一体化战略背景下得到政府支持和政策倾斜,长三角地区不断推动科技物力资源共享平台建设,使得科技物力资源共享和使用效率不断提升,资源配置更趋于合理化(见图 4.7)。

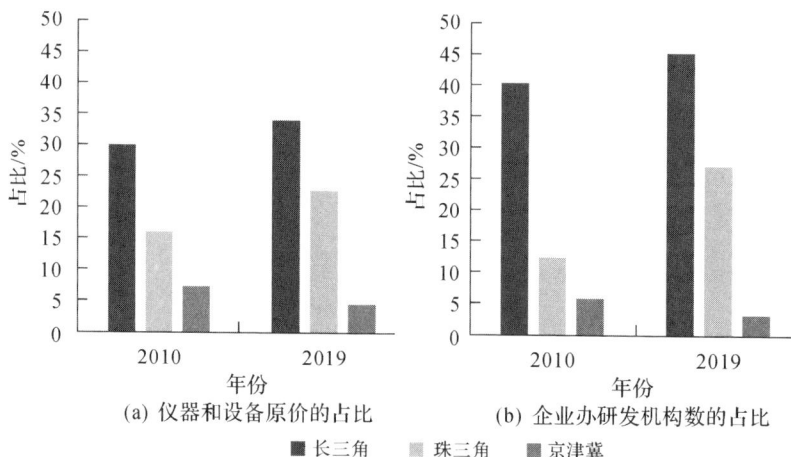

(a) 仪器和设备原价的占比   (b) 企业办研发机构数的占比

■ 长三角   珠三角   ■ 京津冀

图 4.7　2010 年和 2019 年三大都市圈仪器和设备原价及企业办研发机构数的占比情况

四、科技信息资源丰硕,但产出效益有待提高

科技信息资源是科技活动信息记录的载体,包括科技论文、出版物、专利等记录科技知识成果的直接产出,以及高技术产品及新产品产值、技术市场交易等间接的知识产出。随着我国信息技术的发展和数字经济时代的到来,科技信息资源在科学技术发展中扮演着越来越重要的角色。

1.发表科技论文情况

科技论文是衡量一国或地区知识生产能力的重要指标,从科技论文的产出机构看,高等学校作为我国科学研究最主要的机构,承担着越来越重要的科研任务,因此科技论文发表也逐步向高等学校倾斜。研发机构在进行科技体制改革之后,向应用型和智库型方向转变,因此研发机构也成为科技论文的重要产出地。下面就高等学校和研发机构发表的科技论文情况进行分析。长三角地区科技论文产出水平居于全国前列,2010—2019年长三角地区高等学校和研发机构发表的论文总数从260692篇增加到368341篇,年均增长4.13%,高于全国平均增长水平,呈现较快的发展态势。从三大都市圈的比较看,京津冀地区科技论文产出水平仅次于长三角地区,从2010年的206990篇增加到2019年的271625篇,珠三角地区论文的产出水平总量最低,2019年只有115995篇,但增长速度最快,2010—2019年的年均增长速度达到了7.9%。从论文总量占全国的比重看,2019年长三角、京津冀和珠三角地区发表的科技论文占全国的比重分别为22.6%、16.6%、7.1%,从发表机构情况看,研发机构发表论文最多的是京津冀地区,占全国总量的37.4%,其次是长三角地区,占全国研发机构发表论文总量的16.2%,珠三角的比例只有5.3%;高等学校发表科技论文数最多的是长三角地区,占全国总量的23.4%,京津冀和珠三角地区分别为14.0%、7.3%,这也说明在知识产出和研发能力方面,长三角地区具有绝对的优势,但长三角内部各个科研机构之间的科研能力还存在较大的差异。

从科技论文被国外三大检索工具(SCI、EI、CPCI-S)收录情况看,2018年长三角地区被三大检索工具收录的科技论文数为156814篇,占全国总量的25.9%,京津冀地区为130402篇,占全国总量的21.6%,珠三角地区最少,只有36061篇,占全国总量的6.0%左右。从增长速度看,长三角地区被收录科技论文数整体处于较快增长态势,增长速度超过了京津冀和珠三角地区,占全国被收录论文总量的比重也逐年增加,就被引频次看,长三角地区也领先于京津冀和珠三角地区。这些充分说明三大都市圈科技论文质量和影响力存在一定差距,也进一步体现出长三角地区在科技产出方面拥有绝对的优势(见图4.8)。

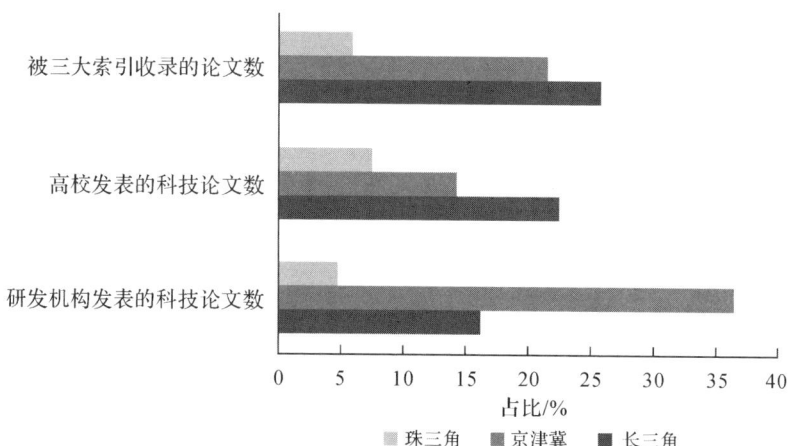

图 4.8　三大都市圈发表科技论文占比情况(2018 年)

2. 专利申请和授权情况

专利作为技术开发活动取得成功的替代指标,是评价一个地区技术开发能力的通用标尺。长三角地区国内专利申请数和专利授权数总体呈不断增长趋势,2019 年专利申请数为 137.06 万件,是 2005 年(11.43万件)的 12.0 倍,2000 年(3.17 万件)的 43.2 倍;2019 年专利授权数78.28 万件,是 2005 年(4.72 万件)的 16.6 倍。从增长速度看,2000—

2010 年长三角地区专利授权量增长迅速,年均增长率超过 100％,2012—2013 年增速有所放缓,年均增长率为 35.3％,2014 年和 2015 年专利申请量略有下降,之后又开始呈增长态势。长三角地区的专利授权率呈现波浪式变化态势,2010 年专利授权率最高,达到了 66.8％,2013 年下降到 55.1％,2015 年又上升到 62.8％,之后两年出现下降,2019 年专利授权率又上升到 57.1％。

从三大都市圈的比较看,无论是专利申请量还是专利授权量,长三角地区都是最高的。2012 年长三角地区专利授权量占全国的比重达到 47.6％,而京津冀和珠三角地区只有 7.4％和 13.2％;2019 年长三角地区专利授权量占全国的比重下降到 31.6％,但也超过了京津冀(10.0％)和珠三角(21.3％)两个地区之和。从发展态势看,长三角地区专利授权数占全国的比重呈下降趋势,珠三角地区的比重呈上升趋势,京津冀地区的比重比较平稳,基本维持在 10％上下,说明虽然长三角地区专利授权总量占有优势,但与京津冀和珠三角地区的差距在不断缩小,意味着长三角地区专利数量优势在不断减弱。

从各部门专利申请数量看,2019 年长三角地区企业申请专利数量占比最多,达到了 76.8％,超过了全国的平均水平(72.2％),也高于同期京津冀和珠三角地区企业专利的比重。高校申请专利数量占比最高的是京津冀地区,达到了 30.7％,长三角地区只有 20.5％,低于全国高校专利申请量的比值(23.2％)。研发机构申请专利数量占比相对都比较低,长三角地区为 2.7％,低于全国平均水平(4.6％),京津冀地区的占比最高,达到了 17.7％。以上数据说明京津冀地区高校和研发机构的科技创新能力比较强,而长三角地区和珠三角地区的企业科技创新能力占据优势(见图4.9、图 4.10)。

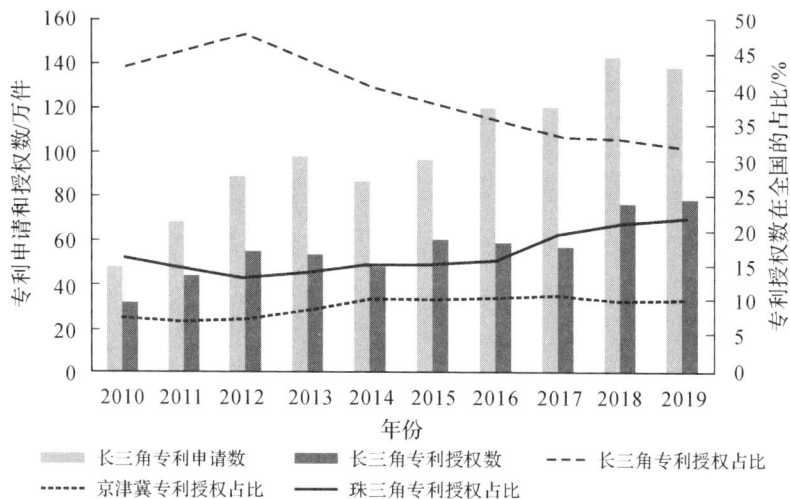

图 4.9　长三角地区专利申请量和授权量情况

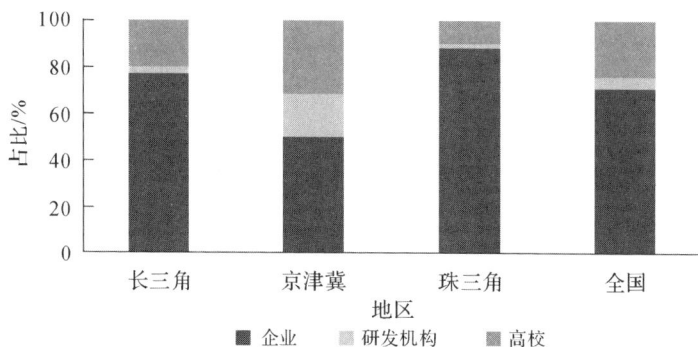

图 4.10　各部门专利申请数量占比情况

3. 高技术产业和企业新产品开发情况

从规模以上工业企业新产品销售收入情况看，2019 年长三角地区达到 76041 亿元，是 2010 年的 3.2 倍，近 10 年间年均增长率达到 22%，高于全国整体水平 3.1 个百分点，也远高于京津冀地区的增长率，但与珠三角地区的增长率相比低了 5.4 个百分点。总量上，长三角地区企业开发新产品的能力远远超过京津冀和珠三角地区,2019 年新产品销售收入占全国比重超过了 1/3,是京津冀地区的 5.3 倍、珠三角地区的 1.8 倍。

从高技术产业营业收入情况看,虽然长三角地区高技术产业营业收入总体呈增长趋势,从 2010 年的 27175 亿元增加到 2019 年的 43820 亿元,但不及全国的平均增长速度,因此,占全国的比重从 2010 年的 36.5% 下降到 2019 年的 27.6%。长三角地区高技术产业利润额从 2010 年的 1559 亿元增加到 2019 年的 2886 亿元,增长了 0.9 倍。与京津冀和珠三角地区相比,长三角地区高技术产业营业收入总额和利润率水平都排在首位。珠三角地区高技术产业营业收入增长速度最快,2010—2019 年平均增长速度为 13.6%,超过长三角地区 5.3 个百分点,从 2010 年的 20953 亿元上升到 2019 年的 46723 亿元,但利润率水平却有所下降,2019 年的利润率为 5.8%,低于长三角地区 0.8 个百分点。京津冀地区虽然高技术产业营业收入总额只有长三角地区的 23.2%,但利润率水平却与长三角地区相当。这表明长三角地区具有较强的科技转化和企业创新能力,也取得了较好的科技经济效益(见表 4.2)。

表 4.2 三大都市圈高技术产业及企业新产品开发情况

地区	年份	企业新产品销售收入		高技术产业营业收入		高技术产业利润	
		总额/亿元	比重/%	总额/亿元	比重/%	总额/亿元	比重/%
长三角	2010	23848	32.7	27175	36.5	1559	32.0
	2019	76041	35.9	43820	27.6	2886	27.5
京津冀	2010	6972	9.6	6508	8.7	387	7.9
	2019	15552	7.3	10146	6.4	876	8.3
珠三角	2010	11302	15.5	20953	28.1	1226	25.1
	2019	42970	20.3	46723	29.4	2731	26.0

4. 技术市场交易情况

技术市场成交金额是反映技术应用与转化的重要指标。从技术市场技术输出情况看,长三角地区技术市场成交金额从 2000 年的 152.58 亿元增长到 2019 年的 4373.23 亿元,增长了 27.7 倍,2019 年长三角地区技术交易合同金额占全国的 19.5%,超过珠三角地区占比的 5.5 个百分点,与京津冀地区基本持平。从增长速度看,2010—2019 年长三角地区技术市场成交金额的年均增长率达到 33%,增长速度十分迅猛,年均增长率高出京津冀地区 6 个百分点,表明长三角地区随着技术市场的不断完善,技术开发和转化能力迅速提升。

从技术市场技术流入情况看,长三角地区技术流入合同金额逐年提高,从 2000 年的 141.57 亿元增加到 2019 年的 4373.23 亿元,占全国技术市场成交金额的 19.5%。从三大都市圈看,2000—2013 年京津冀地区技术流入合同金额与长三角地区不相上下,2013 年之后两个地区出现此消彼长的发展趋势,从 2018 年开始,长三角地区成交金额(3338.47 亿元)超过京津冀地区(3090.37 亿元),成为全国最大的技术买方市场。珠三角地区技术流入总成交金额相对较低,但其增长速度最快,从 2010 年的 243.54 亿元增加到 2019 年的 3125.69 亿元,年均增长速度达到 73%,是长三角和京津冀地区增速(分别为 34.4%、35.9%)的 2 倍多。

从技术市场四类技术合同构成看,我国技术市场以技术开发和技术服务为主,以技术转让和技术咨询为辅。2019 年长三角地区技术开发和技术服务合同金额分别为 1654.90 亿元和 1930.82 亿元,占长三角地区技术合同总额的 37.8% 和 44.2%,也就是说长三角地区技术转让和技术咨询两类合同金额不超过 20%,说明长三角地区技术开发能力逐渐增强,技术服务水平得到进一步提升,而技术转让和技术咨询的发展仍需加强。从三大都市圈比较来看,京津冀和珠三角地区技术开发和技术服务两类合同金额占总合同的比重高于长三角地区,分别为 82.6% 和 90.8%,与全国平均水平(87.5％)相比,长三角地区两类合同比重也偏低,说明虽然从纵向来看,长三角地区技术开发和技术服务水平有了很大增强,但从横向比较还有很大的提升空间。从科技成果流向地域看,长三角地区科技成果流向长三角地区之外的份额在逐年提高,这一方面反映长三角地区较强的研发实力和技术应用能力,具有对全国其他地区的技术辐射带动能力,另一方面也体现出科技本土转化能力、技术与本地产业的融合程度不高,科技对区域经济发展的支撑作用没有充分发挥(见图4.11、图4.12)。

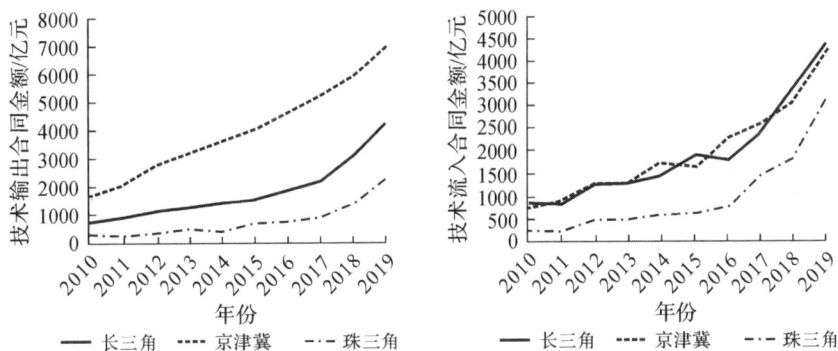

图 4.11　三大都市圈技术市场技术交易情况

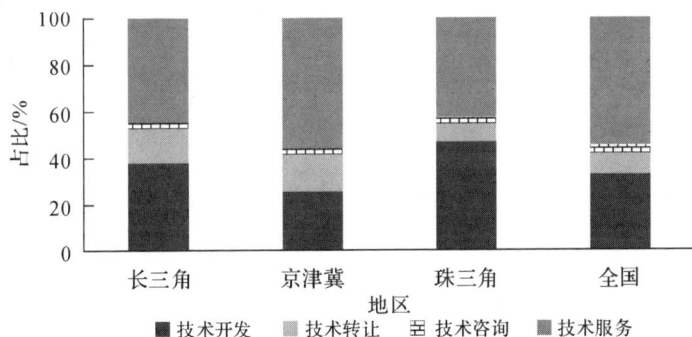

图 4.12　三大都市圈技术市场四类技术合同构成情况

第二节　浙江省科技资源总量和空间分布情况

一、浙江科技资源总量与长三角地区其他一市二省的比较分析

1. 科技投入

浙江始终坚持把科技创新作为第一动力,在科技投入方面加大力度,大力实施创新驱动发展战略。2019 年浙江省投入 R&D 人员 71.4 万人,占全国总量的 10.0%;R&D 人员全时当量 484166 人年,占全国总量的 10.5%;2019 年浙江省每万名就业人员中拥有 R&D 活动人员折合全时 132 人年,其中规模以上工业企业中从事 R&D 活动人员达到 56.2 万人,比 2018 年增长 14.7%。浙江始终坚持"人才是第一资源"的理念,紧紧围绕"两个高水平"建设,积极营造有利于人才发展的软环境。在 R&D 经费投入方面,2019 年浙江 R&D 经费投入 1669.8 亿元,占全国总量的 7.5%;R&D 经费投入强度 2.68,比 2018 年提高了 0.11,创浙江历史新高。从 R&D 经费来源结构看,2019 年 R&D 经费中政府资金占 8.16%,企业资金占 90.25%,说明浙江 R&D 经费投入主体还是来自民营企业。截至 2019 年底,浙江已建成国家重点实验室 10 个、国家工程技术研究中心 14 家,认定省级工程技术研究中心 80 家,省级重点实验室 247 家。新建省级企业研究院 245 家、省级高新技术企业研究开发中心 497 家,累计分别达 1097 家、3960 家。

但与长三角地区的上海、江苏、安徽相比,浙江的科技资源投入强度不占绝对优势。从表 4.3 中可以看出,江苏省的科技人员投入强度最大,占长三角地区的 42.4%,浙江排第二,占长三角地区的 32.0%。在科研经费投入方面,江苏 R&D 经费投入总量最大,是浙江的 1.66 倍,上海的 R&D 经费投入总量略低于浙江,安徽最低。从 R&D 经费投入占 GDP 的比重

看,上海的投入强度最大,超过了浙江1.3个百分点,江苏与浙江不相上下,安徽最低。在地方财政对科技的支持力度上,浙江和安徽最大,上海次之。在科技物力资源投入方面,浙江国家企业技术中心最多,这得益于浙江拥有发达的民营经济,企业技术创新活力较强,但像国家重点实验室和国家工程技术研究中心等这类重大研发基础设施和平台就相对比较弱,因此,浙江今后在物力资源投入方面要加强国家级及重大研发平台的建设力度。

表 4.3　长三角三省一市科技投入指标比较(2019 年)

指标		浙江	上海	江苏	安徽
R&D 人员投入	全时当量/人年	484166	211517	640827	174460
	占长三角的比重/%	32.0	14.0	42.4	11.6
R&D 经费投入	总额/亿元	1669.8	1524.6	2779.5	754.0
	投入强度/%	2.7	4.0	2.8	2.0
地方财政科技投入	科技拨款/亿元	516.1	389.5	572.0	378.1
	占地方财政支出的比重/%	5.1	4.8	4.5	5.1
国家重点实验室/个		10	44	28	11
国家工程技术研究中心/个		14	21	29	9
国家企业技术中心/个		121	88	117	90

2. 科技产出

浙江省知识产出水平逐年提高,2019 年浙江省申请专利43.59 万件,其中申请发明专利11.30 万件,占全部专利申请的比重为25.9%;授权专利28.53 万件,其中发明专利授权3.40 万件,占全部专利授权的比重为11.9%,每万人发明专利拥有量6.74 件。浙江省高新技术产业规模不断扩大,规模以上工业企业新产品产值不断增加,2018 年浙江规模以上工业企业实现高新技术产业增加值8198.2 亿元,占全部规模以上工业增加值的比重达到 53.4%;实现战略性新兴产业增加值 4782 亿元,占全省 GDP 的比重达 8.5%;完成新产品产值 2.3 万亿元,比 2017 年增长 17.5%,新产品产值率达到 36%;培育科技型中小企业 10539 家,累计达到 50898 家;新认定高新技术企业 3162 家,累计认定 14586 家。浙江省技术交易市场活跃,科技服务业取得稳步发展。2018 年全省共成交技术输出合同 16142 项,合同总成交金额 539.4 亿元,分别比上年增长 17.8% 和 66.1%,其中技术开发合同 10544 项,合同成交金额 413.9 亿元,分别占全部技术输出合同的 65.3% 和 76.7%。科技服务业实现营业收入 9628.6 亿元,比 2017 年增长 24.6%,科技服务业营业收入占规模以上服务业比重达 56.7%。以上丰富的科技成果产出和创新资源储备为推进浙江科技创新,实现创新型省份提供了基础。

与长三角区域内的上海、江苏、安徽相比,浙江的专利申请和授权量仅次于江苏,远远高出上海和安徽。但浙江的发明专利占比太低,其中,2019 年发明专利占专利申请量比重为 25.9%,上海高达到 41.1%,超出浙江 15.2 个百分点;浙江的发明专利占专利授权量比重为 11.9%,上海为 22.6%,是浙江省的近 2 倍。从万人发明专利拥有量看,上海最高,每万人拥有发明专利 53.5 件,其次是江苏,为 30.2 件,安徽排第三,为 11.8 件,浙江最少,只有 6.7 件。发明专利代表一个区域真正的自主创新能力,发明专利在整个授权专利中占比偏低,说明浙江省的自主创新能力水平不高,仍有很大的提升空间(见图 4.13)。

技术交易市场是创新资源流通的重要载体和渠道,通过技术所有权转让、许可、有偿服务、委托开发等交易形式,促进技术向需求方转移转化,同时也带动了知识、信息等科技资源的流动。从长三角区域内部看,技术交易最活跃的地区是上海,技术合同成交金额占长三角区域总金额的 34.6%,其次是江苏省占 30.6%,浙江省排第三占 26.3%。高技术产业增加值占比最高的是江苏省,达到了 57.9%,浙江省和上海市占比相差不

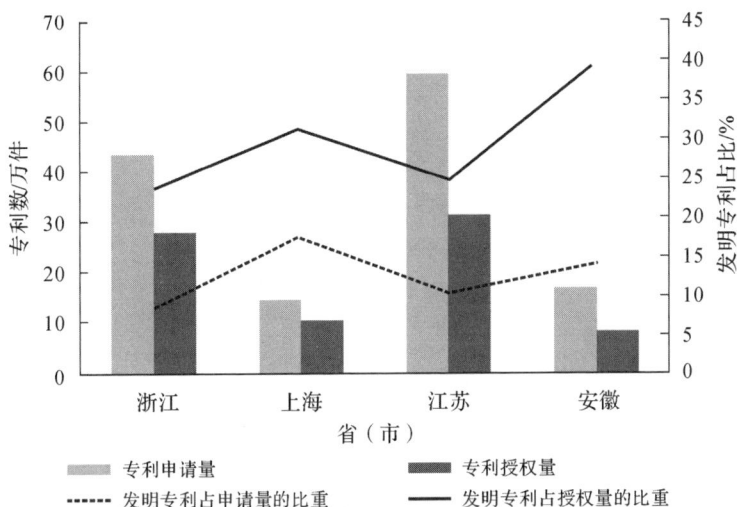

图 4.13 长三角三省一市专利申请和授权情况(2019 年)

大,维持在 16%～17%。规模以上工业企业新产品产值占比最高的也是
江苏省,占到了 30.6%,其次是浙江省,占比为 26.3%,上海市和安徽省接
近,占 13.5%左右(见图 4.14)。

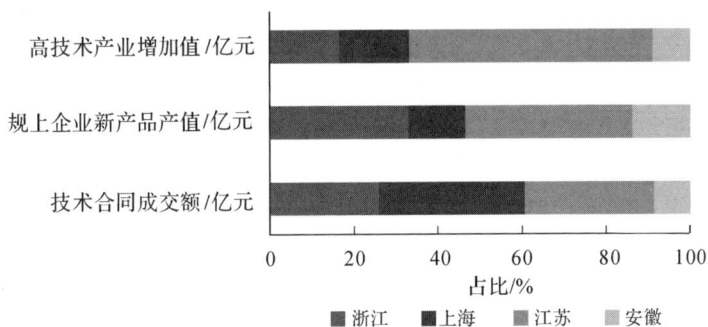

图 4.14 长三角三省一市科技产出情况(2019 年)

从以上分析可以看出,浙江省科技资源与上海、江苏、安徽相比,各有
优势和不足,要实现长三角区域内科技资源的优化配置,需以合作促进资
源互通、实现优势互补。

二、浙江省各地市科技资源的空间分布情况

由于浙江省不同地域地理位置、资源条件、政府政策等诸多差异,导致浙江省各个地区科技资源和创新能力方面也存在着较大差异,比如环杭州湾地区的高等院校、科研机构和中试基地等数量占了浙江总数的80%以上,科技创新资源相对集中,创新能力也最突出。下面对浙江省各地市科技资源分布情况展开分析,以期为科技与经济更紧密地结合,促进经济和社会发展,增强科技实力和创新能力提供参考。

1. 科技投入

作为浙江省会城市的杭州市是浙江的科教中心、经济中心,属于科技资源高投入、高产出的有效区域,2020年R&D活动人员达到14.94万人;作为副省级城市的宁波市R&D活动人员也比较集中,达到了10.74万人。环杭州湾的三个城市——杭州市、宁波市和绍兴市科技活动人员占全省人员总量的55%,人员优势非常明显。每万名就业人员中R&D人员数最高的区域也是环杭州湾的这三个地区,杭州市、宁波市和绍兴市三地分别为199.7人年、182.2人年和164.0人年。科技活动人员投入最低的是浙西的衢州市和丽水市,以及浙东的舟山市,每万名就业人员中R&D人员数不到杭州市的1/3(见图4.15)。

在科技经费投入方面,浙江省科技活动经费筹集总额逐年上升,杭州市R&D经费投入总量最大,达到578.79亿元,其次是宁波市,为354.84亿元,这两个地区R&D经费投入之和超过了全省总额的一半,说明杭州市和宁波市财力雄厚。从R&D经费占GDP的比重看,排前三的分别是杭州市、嘉兴市和湖州市,排在最后三位的是衢州市、舟山市和丽水市,说明这三个地区总体经济实力不强,对科研投入力度也不够大。随着科技投入渠道的不断拓宽,企业科技投入作用日益突出。民营经济比较发达的地区,企业R&D经费投入比例也相对较高,2020年排第一位的是温州市,占

主营业务收入的 2.31％,其次是绍兴市和杭州市。科技投入的另一个重要渠道就是通过政府投入带动科技发展,政府财政拨款在科技经费中占有一定的比重,2020 年财政科技拨款最多的是杭州市和宁波市,金华市的财政科技拨款最少,不到杭州的 1/10。本级财政科技拨款占财政经常性支出比重最高的嘉兴市,占到 11.82％,其次是绍兴市和杭州市,比例最低的是湖州市、台州市和温州市,说明这三个地区政府对研发活动的支持力度还有很大的提升空间。

在科技物力资源投入方面,科研机构仪器设备原值投入最大的是在经济比较发达的环杭州地带,其中杭州投入力度最大,排第二的是宁波市,后

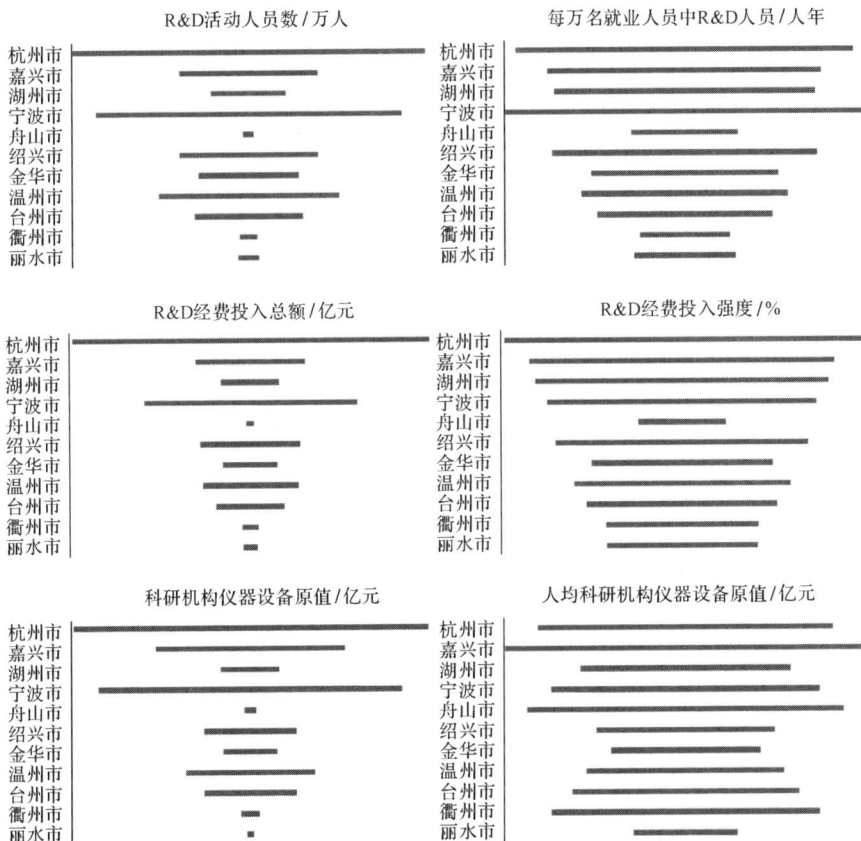

图 4.15　浙江省各地市科技投入情况(2020 年)

面依次是嘉兴市和温州市,仪器设备投入最少的还是衢州市、丽水市和舟山市。从人均拥有量看,由于舟山人口规模小,因此人均仪器设备投入原值最高,为38.84万元,其次是嘉兴市,为37.49万元,排第三的是宁波市,为29.31万元。除了嘉兴市、湖州市和杭州市等浙北地区外,舟山市和衢州市的人均科研机构仪器设备原值很高,说明这两个地区的科技物力资源具有一定的基础。

2. 科技产出

用专利授权指数(由发明专利、实用新型和外观设计专利授权量加权计算而成)来反映浙江省各个地市科技产出能力。专利授权指数最高的地区还是杭州市和宁波市,数值分别为178673和115922,与这两个地区科技人力、财力和物力资源投入力度有很大关系。其次是绍兴市和温州市,其专利授权指数略低于宁波市,排最后三位的是衢州市、丽水市和舟山市,专利产出率明显偏低,比如舟山市的专利授权指数还不到杭州市的5%。每万人专利授权指数的值最高的地区是绍兴市,最低的是丽水市,两者相差了2.7倍。

高新技术产业发展和工业新产品产出这两个指标反映了一个地区科技产出的创新活力。从绝对值来看,杭州市、宁波市和嘉兴市是科技创新产出最活跃的三个地区,高新技术产业增加值超过了1000亿元,尤其是杭州市和宁波市已经接近2000亿元,最低值在丽水市和舟山市,还不到200亿元,差距比较显著。工业新产品产值超过5000亿元的有杭州市和宁波市,其次是嘉兴市,为4604.28亿元,同样最低值在丽水市和舟山市。从相对值来看,浙江11个地市的工业新产品产值率最高的是嘉兴市,达到41.3%,除了舟山市(21.5%)和衢州市(29.7%),其他地区工业新产品产值率维持在30%~40%。高新技术产业增加值占工业增加值的比重也是类似的情况,除了最低的丽水市和舟山市两个地区在40%以下,绍兴市、金华市和衢州市在40%~50%,剩下的6个地区维持在51%~60%。说明浙江各地市之间科技创新成果产出的总量上差距较大,但相对创新能力方面的差距不大。

从技术交易市场情况看,杭州市技术交易总额最突出,达到了550.1亿元,占全省的38%,形成了一家独大的格局,这与杭州是省会城市的定位密不可分。技术交易总额超过200亿元的地区是宁波市和温州市,分别为274.41亿元和217.37亿元,技术交易市场最不活跃的地区是舟山市、衢州市和丽水市,最低的丽水市技术交易额只有9.42亿元。从技术交易量与当地GDP相比看,比重最大的是杭州市和温州市,分别相当于GDP的2.81%和2.70%,其次是湖州市,占比为2.43%,绍兴市、金华市和丽水市技术交易量占GDP的比重都不到1%,最低的丽水市只有0.31%,剩下的6个地区在1%~2%(见图4.16)。

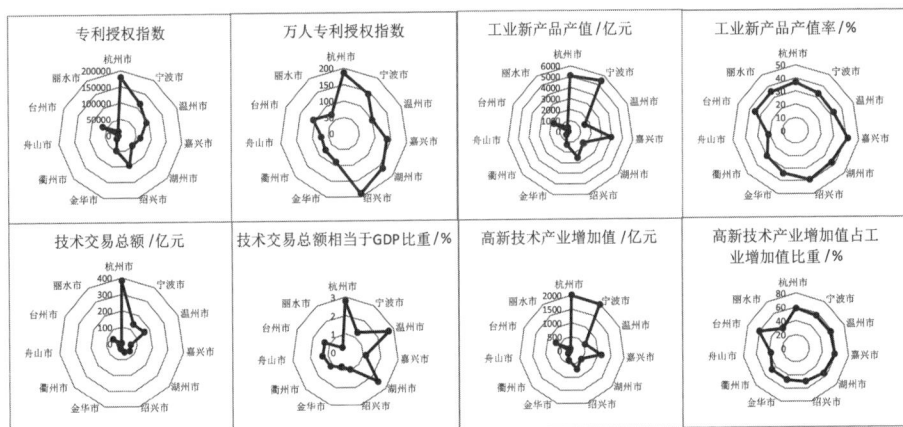

图4.16　浙江省各地市科技产出情况(2020年)

从以上分析可以看出,浙江省内科技资源分布呈现明显的区域梯度差异,浙东北的科技资源最丰富,其次是浙中地区,浙西南的科技资源最少。同时,浙东北和浙西南内部也存在着较大的差异,浙东北的杭州市、宁波市、绍兴市、嘉兴市的科技资源投入综合评价居前列,湖州市和舟山市却处于第7名和第11名,浙西南的衢州市、丽水市是科技资源存量最少的地区。科技产出水平最高的是浙北的杭州市、嘉兴市、绍兴市,而经济稍不发达地方如衢州、丽水、舟山、金华、台州等地科技产出效率明显较低。科技资源的配置效果是衡量现实科技成果的一个重要指标,同人力资源与财力资源显著的区域差异不同,科技资源配置效果差异不太显著,一方面是因为产出成果少,另一方面是产出具有很强的流动性,因此可以通过市场运行实现科技资源共享来改变地区科技资源配置水平较弱的不利局面,这也是今后落后地区加强科技资源配置水平的一个重要途径。

第三节　长三角区域科技资源共享现状

根据科技资源的分类形式,科技资源共享也可分为科技人力资源共享、科技物力资源共享、科技财力资源共享和科技信息资源共享等四大类。科技人力资源共享是指通过科技人员的跨区域流动而实现以科技人员作为载体的知识才能、研发技术、科技信息等内容的共享;科技物力资源共享主要通过大型科学仪器设备、动植物实验条件等实现共享;科技财力资源是科研经费的投入,有严格的经费管理和控制机制,一般很难实现共享,但可以通过区域间共建专项经费,共克科研难关等形式实现间接共享;科技信息资源是影响面最广泛、共享性最活跃的一种资源,常用的做法是通过搭建科技信息资源共享平台依靠网络技术实现共享。王志强、杨青海(2016)认为,科技资源共享还应包括科技服务资源,如科技成果转化服务、科技战略决策服务、科技创新知识服务等内容的共享。还有一些学者从不同角度阐释了科技资源共享内涵,由于理解角度不同,内涵的解释也不尽相同,归纳起来有以下共识:一是科技资源共享是利益和风险共担的共享。不同科技资源的所有权性质不同,在一定体制和机制条件约束下,通过调整科技资源产权关系,使不同创新主体间共同享有科技资源所有权或使用权,并共同分担创新成本、风险,共享创新收益的一种资源配置形式。二是科技资源共享的最终目的是实现科技资源的高效利用,创造更多的社会效益和经济效益。通过区域科技资源的科学、高效整合,在充分利用现有科技资源存量的基础上,不断开创新的科技资源,借助通信网络、大数据、云计算等先进的技术手段实现科技资源的共建、共营及共用,有效提高资源的使用效率,进而实现科技资源的社会价值和经济价值最大化。

随着长三角区域一体化战略的实施,以及科技资源共享话题热度不断升温,对于区域间科技资源流动共享需求也日益增长,下面对长三角地区现有科技资源共享情况展开分析。

一、良好的科技资源共享政策和制度环境

随着长三角区域一体化加速推进,中央部委、三省一市政府为促进长三角区域科技资源共享、优化资源配置、推进长三角区域创新共同体建设,相继出台了一系列相关政策、规定和措施,这些政策、规定在促进三省一市科技发展、提升区域整体创新能力方面发挥了重要作用。

2003 年,长三角地区沪苏浙三地签订了《关于沪苏浙共同推进长三角区域创新体系建设协议书》,这是我国第一个省级政府间签订的共建区域创新体系协议,首次提出加快推进科技文献、科技信息等基础性科技资源的联网共享,逐步构建科技资源共享的信息平台。同时,还建立了长三角区域创新体系建设联席会议制度,2008 年安徽省加入长三角区域后,正式形成三省一市轮流主持的四方协调机制,合力推进长三角区域科技资源共享和科技合作。至今,长三角创新体系建设联席会议制度已经实行了十多年,这不仅为区域间及时组织协调、经常性信息互通提供了保障,而且为区域间政策对接、项目共建、人才流转、平台开放、资源共享等提供了常态化的协作机制。在政府制度层面,自 2009 年起,长三角地区合作与发展工作按照三级运作形成了区域合作推进机制,三级运作机制由决策层、协调层和执行层组成,决策层为三省一市主要领导座谈会,协调层是以常务副省

(市)长参加的长三角地区合作与发展联席会议,执行层是设在省(市)发展改革委的联席会议办公室、重点合作专题组以及长三角地区城市经济合作组,其中重点工作专题组中设有科技合作专题,主要职能为促进长三角地区的科技合作。在此基础上,长三角地区于 2018 年 1 月成立了由三省一市抽调人员组建的长三角区域合作办公室,为区域合作充当"神经枢纽"。

在大型仪器设备共享政策方面,长三角地区一直走在前列。2007 年,全国首部地方性大型科学仪器设备共享法规《上海市促进大型科学仪器设施共享规定》诞生,该法规主要阐述了上海市范围内大型科学仪器设备共享的尝试和实践。2008 年上海市科学技术委员会依据该法规,相继制定了大型科学仪器设施信息报送办法、新购评议实施办法、共享服务评估与奖励办法等,形成了上海市大型科学仪器共享法规管理体系。国家层面出台的政策有《国家重点实验室建设与管理暂行办法》《国家大型科学仪器中心管理暂行办法》《大型精密仪器管理暂行办法》《高等学校仪器设备管理办法》等。长三角三省一市继国家层面之后制定了关于大型仪器设备共享的相关法律法规,如《上海市促进大型科学仪器设施共享规定》《江苏省大型科学仪器设备共享服务平台管理办法》《浙江省重大科研基础设施和大型科研仪器设备开放共享的意见》等,其中上海大型科学仪器设施共享平台建设水平最高、覆盖面最广。

在科技人才共享政策方面,2003 年长三角地区的 19 个城市签署了《长三角人才开发一体化共同宣言》,确立长三角区域人才开发一体化的目标、原则、领域和行动纲领,同年,上海、浙江和江苏签订了专业技术职务任职资格互认、异地人才服务、高层次人才智力共享合作项目的协议。沪、宁、杭、甬、苏、锡 6 市签署了《长江三角洲紧缺人才培训服务中心》协议,上海和宁波开始实施统一的"职业资格认证考试"及"异地人才服务合作"等项目协议。2004 年签订了《关于定期举办网上人才交流大会的合资协议》等合作协议。随着长三角一体化战略的实施,2018 年沪苏浙皖四地共同签署了《三省一市人才服务战略合作框架协议》，上海分别与浙江、江苏、安徽部分地市签订了《人才服务项目合作协议》，实现各类高端人才与周边区域的流动共享。2019年沪苏浙皖20所城市成立长三角人才一体化发展城市联盟，共同提出深化区域人才合作的10项实质性举措，同时联盟城市进一步加大探索力度，共同发布长三角人才驿站、人才绿卡、人才培训等试点合作项目。上海吸引外籍人才工作方面走在全国前列，上海市人力资源和社会保障局推出了《全面实施外国人来华工作许可制度》《支持外国留学生在上海创新创业》《实施外国人才签证制度》《支持虹桥商务区引进外国人才》《实施留学回国人员直接落户制度》《实施海外人才居住证制度》《外籍高层次人才认定》《高端人才绿卡制度》等一系列海外人才系列政策，提升长三角人才国际化水平。

接着是科技创新券的跨区域流通政策。创新券最早发源于荷兰，是利用政府资金支持科技企业向服务机构购买创新服务的一种虚拟货币，2012年引入中国。长三角地区并不是唯一使用科技创新券的区域，却是支持科技创新券跨区域"通用通兑"的首个试点区域。2013年浙江长兴县发行了国内首个跨区域流通的科技创新券，鼓励企业向上海、江苏等科技资源更丰富的地区购买服务。2017年，上海市与浙江嘉兴市政府签署合作协议，在嘉兴市试行跨区域创新券试点，使嘉兴市科技型企业可以更加便捷地使用上海的科研仪器设备，之后上海市与江苏的苏州、南通等地先后推进科技创新券互联互通。当地通过出台政策，将上海的科研仪器设施、科研基地服务项目纳入本地科技创新券政策支持范围内，实现资源联动、政策互通。截至2019年底，上海670余家服务机构的10800台（套）大型仪器，先后为中小企业提供区域服务项目1.3万项，包括仪器共享、检验检测、研发设计、情报信息等。在此基础上，创新券通用通兑已被写入长三角区域协同创新的合作协议中，这也将进一步促进区域内优质创新资源更便捷地实现开放共享。

二、科技资源共享服务平台建设初见成效

自 2007 年长三角科技资源共享服务平台正式开通至今,促进科技资源跨区域流动、提升区域创新能力水平已初见成效。2007 年 6 月沪苏浙共同签署了《长三角科技资源共享服务平台共建协议书》,并开通了长三角大型科学仪器设备协作共用网。2009 年 5 月开通了长三角科技资源共享服务平台文献系统,提供馆藏联合目录检索、全文检索、原文远程传递、虚拟咨询等服务。2010 年又开通了长三角技术转移服务平台。2018 年初,三省一市政府签署《关于共同推进长三角区域协同创新网络建设合作框架协议》,明确提出推进大型仪器设备、科技文献等科技资源共享平台建设。2018 年 8 月,三省一市科技厅(委)共同商讨推进长三角科技资源一体化,达成了建设科技资源融通平台的合作意向,并于 2018 年 10 月启动了长三角科技资源共享服务平台建设工作。2018 年 11 月,三省一市签署《长三角科技资源共享服务平台共建协议书》,2018 年底,上海市科委正式立项启动长三角科技资源共享服务平台的建设工作。凭借深厚的合作基础与扎实的建设进程,2019 年 4 月,长三角科技资源共享服务平台正式上线运行。该平台以需求为导向、共建为手段、共享为核心,引导长三角地区各类优质科技资源的加盟,建立规范化的科技资源服务运营,实现长三角科技资源从信息共享向服务共享跨越,为科技创新和经济社会发展提供了有力支撑。长三角科技资源共享服务平台融合了大数据、云计算等新一代信息技术,通过与三省一市建立资源数据接口,实现科技资源的远程互知、互动功能,囊括了长三角区域的科学装置、仪器设备、国家级实验室、工程中心、高新园区、服务机构、科研人才、科技政策等优质科技创新资源。

截至 2020 年 3 月底,长三角科技资源共享服务平台已集聚包括上海光源等在内的重大科学装置 19 个,科学仪器 31165 台(套),总价值超过 361 亿元;各类科技人才 20 万名;国家级科研基地 387 家;加工梳理了

2422 家服务机构的 15700 余条仪器检验检测服务项目;整合国内外标准
160 余万条;长三角科技人才板块已集聚 20 余万名科技专家信息。通过
聚集优质科技资源,长三角科技资源共享服务平台还联合 26 个长三角城
市的科技主管部门,建立服务分中心,并与三省一市的相关科技资源平台
达成数据交换机制,目前已在苏州、南通、嘉兴、昆山等地初步形成了以共
建研发资源共享平台为基础、地方政策为引导、产学研合作技术研发联动
为目标的跨区域资源共享协同发展建设推进模式,为长三角科技资源服务
区域创新探索了良好机制和有效模式。

三、科技资源跨区域流动不断增强、共促合作创新

近 10 年来,长三角地区整合区域优势资源,鼓励科技人员跨区域互动
联合开展基础性和原创性科学研究,在区域科技论文合著、专利联合申请、
专利区域内转移等合作方面呈现逐年递增态势。2011 年长三角地区的上
海、杭州、南京、合肥建立了以上海为首位城市的科研合作网络,2014 年加
入了南通、盐城、徐州、宁波、温州等城市,到 2017 年已形成围绕四大核心
城市次级核心节点的"点—线—面"高密度、强关联的科研合作网络。在国
际科技论文合作数量方面也呈现持续增长趋势,从 2010 年的 3170 篇增加
到 2018 年的 16096 篇,9 年间增长了 5.1 倍,其中上海和江苏由于拥有较
多科研实力强劲的高校科研院所,因此两地的年均增长最快。

在区域合作申请专利方面,长三角地区三省一市 2019 年共合作申请
国内发明专利 3096 件,是 2010 年 361 件的 8.6 倍。上海作为长三角的中
心,其辐射作用和溢出效应最为明显,上海与江苏、浙江合作申请发明专利
数量占到了绝大多数,2019 年占了长三角地区总量的 65.2%。合作申请
PCT 专利从 2010 年 76 件增加到 2019 年的 295 件,其中上海和江苏的合
作最为密切,成果也最为突出,2019 年达到 165 件,占长三角地区总量的
76.6%。相对来说长三角地区边缘地带城市融入技术合作程度较低,是今

后增强长三角地区科技要素流动性的关键地区。从长三角区域内部专利转移数量看,2019 年专利转移数为 13358 件,是 2010 年 505 件的 26.5 倍,年均保持较高的增长速度,2019 年相比上一年增速达到 92.1%。从专利转移方向看,上海、浙江的专利输出高于专利输入,江苏和安徽的专利输出和输入比较均衡。从空间分布看,长三角专利转移以创新空间走廊为主要载体,依托 G60 科创走廊和 G42 沿线的技术转移快速增长。浙江省随着国家科技成果转移转化示范区建设的不断推进,浙江区域科技成果转化将会逐渐成为长三角区域科技成果转化的核心区域(见图 4.17)。

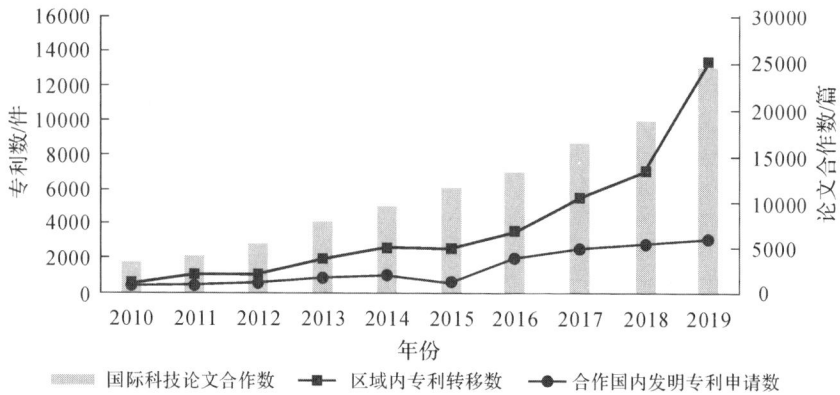

图 4.17　长三角三省一市区域合作论文和专利情况

从长三角科研主体区域合作的方式看,正在向多层次、立体化格局发展。2005 年长三角建立了高校合作联盟,从六校合作逐渐拓展为八校合作联盟,由上海的复旦大学、上海交通大学、华东师范大学、同济大学,江苏的南京大学、东南大学,浙江的浙江大学,安徽的中国科学技术大学 8 所国家 985 工程、"双一流"名校组成,通过不断增强校际合作交流,架起高校间多方面沟通与合作的桥梁。长三角还发起了 20 所"双一流"高校与企业之间的长三角区域校地合作联盟,通过与长三角高校开展高校人才引进、共建校企联合研究院、技术成果转移等形式,开展多种形式的合作。早在 2003 年,浙江省就实施了通过引进大院名校联合共建科技创新载体,建设了一批如浙江清华长三角研究院等知名研究院,围绕基础研究、关键技术等促成了一系列跨地区合作攻关和示范项目。

四、区域技术市场活跃、成果共用共享

依托国家技术转移东部中心(上海)、国家技术转移苏南中心、江苏省技术产权交易市场、浙江网上技术市场、安徽网上技术市场等技术交易机构,长三角地区积极探索三省一市科技成果转移转化的区域联动。从技术市场成交情况看,2018年长三角地区三省一市之间技术市场合同成交金额为542.95亿元,是2010年53.9亿元的10.1倍,尤其是近两年快速增长,其中2018年比上一年增长了105.3%,2019年比上一年增长了51.2%。从区域内部看,浙江技术市场成交额增长速度最快,2010年浙江与上海、江苏、安徽的技术合同成交金额仅为3.03亿元,到2019年已达到92.50亿元,增长了29.5倍。上海技术市场成交金额体量最大,2010年为33.78亿元,占长三角地区总额的62.7%,2019年增加到204.9亿元,占长三角地区总额的37.7%,上海地区技术市场交易金额除了2017年占比较低(27.2%),其他年份均超过了长三角地区总额的30%。江苏技术市场成交金额占比次之,安徽技术市场成交金额占比最低(见图4.18)。

同时,为了发挥科技中介服务机构活跃的优势,上海技术交易所、江苏省技术产权交易市场、浙江科技大市场和安徽科技大市场等积极推动科技服务联盟化组织建设,开展长三角技术转移服务人才交流与培训。如围绕科技中介服务的"长三角科技中介战略联盟",关注科技金融的"长三角技术资本对接联席会议",支持院校资源和人才流动的"长三角地区高校图书馆联盟""长三角教师教育联盟"等,这些区域性联盟组织通常涵盖多地企业、院校,并吸纳技术交易、创业孵化、科技情报、风险投资、科技会展、人才交流等服务资源,共同构成区域性科技资源信息共享和延伸服务网络。

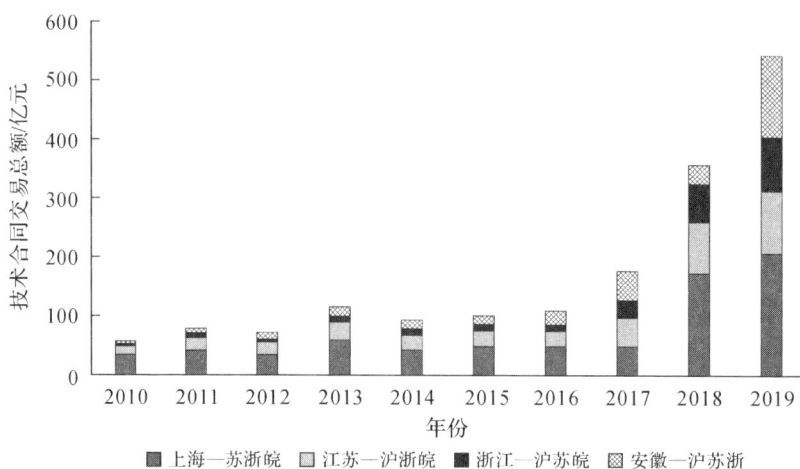

图 4.18　长三角三省一市技术市场成交金额情况

第四节　长三角区域科技资源共享面临的主要问题

长三角三省一市在国家一体化战略框架下,围绕区域创新共同体建设不断增强区域合作,在科技资源共建共用共享方面取得了扎实进展,探索了创新券跨区域流动、跨区域科创走廊建设等多种创新举措并获得了显著成效,但与长三角地区建成"全球有影响力的世界级城市群"的长远战略目标相比还存在一定差距,科技资源存量上的优势还未能充分转化为创新优势,在科技资源共享过程中也存在着诸多困难和问题,归纳起来主要表现为以下几方面。

一、区域间体制机制壁垒依然存在

长三角地区科技资源共享很大程度上还是属于政府主导的状态,虽然在长三角一体化战略指导下形成了顶层设计的区域合作机制,但在合作发展的同时,三省一市政府不可避免地存在行政壁垒,固有的地方利益保护主义会为本地区科技发展留有保护余地,这就给科技资源跨区域流动造成了一定障碍和阻力。相比于京津冀和珠三角地区各有优势省市做龙头,长三角地区三省一市的整体科技实力相当,从第二章的分析中也可以看出,其科技资源在不同领域各有优势,尤其是沪苏浙三地科技发展水平均位于全国前列,相互竞争也愈演愈烈,在地方行政垄断和分割仍然存在的情况下,其带来的直接后果是科技合作创新被设置了瓶颈羁绊,不能形成区域统一共建共用共享的市场,从而阻碍了区域内各种科技要素的有效配置。同时,三省一市有各自的经济发展目标,在产业发展层次和定位上存在同构现象,没有统一协调机制,导致地区间产业同质化问题比较明显。

另外,尽管长三角区域一体化战略中视四地为一个整体,在三省一市间也有诸多层面和形式的交流与合作,但是现有的长三角区域合作办公室以及三省一市主要领导会晤等制度还存在诸多不完善之处,尚不能满足长三角地区量大面广的科技资源共享需求,过去由于各城市政府间存在政绩的非共享性和排他性,当共同利益与地方利益冲突时,各地政府都将保护自身利益,这会影响区域科技资源的配置,使得科技资源共享带有一定的区域行政色彩,如通常地方政府 R&D 经费投入具有排他性,不愿其他区域共享由 R&D 投入带来的技术外溢。因此,各地在科技发展规划和具体科技政策执行等方面也都会存在政策界限性。又如在实施科技创新券跨区域通用通兑问题上,上海的额度、跨区域开放度远远高于长三角其他地区,其他地区的政府担心科技创新券跨区域通用通兑政策会鼓励本地成果到发达地区转化,政策执行越好对本地的成果掏空越严重,因此在地方利益驱动下,各地区参与科技成果转化的一体化程度也不相同,有些地方政府觉得短期内没什么好处甚至担心带来负面影响,因此参与积极性不高。这种实力不均等、利益不均衡现象会导致长三角区域科技资源共享政策实施具有深度不够、可执行性不强、执行力度较弱等问题。

二、科技资源分布不均,共享效率较低

从科技资源对基础研究、应用研究和试验开发的投入情况看,长三角地区无论是科技人力资源还是科技财力资源主要集中于试验发展阶段,而作为科技研究的基础和源泉的基础研究却被忽视。2019 年长三角地区研发人员从事基础研究的比例只有 5.4%,从事试验发展的比例高达 86.5%;研发经费投入基础研究的比例只有 4.4%,低于全国平均水平 1.6 个百分点,投入试验发展的比例超过 85%,高出全国平均水平 5 个百分点,科技人力资源和财力资源对基础研究的支撑远远低于世界主要发达经济体水平。长三角地区科技资源市场化配置程度较高,企业逐渐成为科技活动的主体,企业追求利益最大化的目标促使企业从事的科技活动集中于试验发展,而基础研究工作投入大、风险高,且具有较强的知识外溢性,研究成果难以实现排他性收入,因此企业对于该研究动力不足,高校作为基础研究开展的主要机构,获得科技财力资源支持有限,其投入难以满足基础研究的开展,这使得长三角地区基础研究落后于世界先进水平。

从科技资源的空间分布看,长三角地区还未形成宏观层面的统筹布局和统一规划,无论是三省一市之间还是省内各地市的科技资源分布都缺少科学规划,没有充分结合战略需求进行中长期部署,科技资源投入上存在区域层面、省级政府、地方市级政府等的多头配置,造成不同部门和地区间科技资源分散布局、整合难现象。

从科技资源共享情况看,虽然长三角区域科技资源共享服务平台正式开通,在一定程度上推进了三省一市的科技资源共享,但是科技资源共享服务平台自搭建到现在已经很多年,科学数据库、技术数据库、专家库等要素资源并没有实现全面开放共享。而且三省一市内部有自己建设的科技资源共享平台,比如上海有上海研发公共服务平台、上海大型仪器设备共享平台、上海教育科研数据共享平台等多个共享平台,目前三省一市间科

技资源共享平台的标准规范还不统一,每个平台投入有限、层次分散、无法形成集成优势,利用效率低下。不同类别科技资源之间缺乏统一有效的共建共享规范标准,不同科技资源平台之间不能有效互联互通,科技资源数据不能有效共享利用。以大型仪器设备利用率为例,根据长三角科技资源共享平台数据显示大型仪器设备利用率为90％左右,然而许多发达国家的科研仪器设备利用率高达170％～200％,差距还是比较明显。

三、科技资源共享服务体系不完善

截至2020年3月,长三角科技资源共享服务平台汇聚了三省一市重大科学仪器设备、科技专家信息等一批优质科技资源。然而,由于科技资源共享服务内容和服务形式较单一,缺少线上与需求方的实时信息交互,导致科技资源共享服务平台资源需求方和资源供给方之间的有效交流不足,双方掌握的信息不对等,增加了有效匹配和共享的难度。如果科技资源共享服务平台在资源匹配上只采取查询模式,属于简单的单向匹配搜索,很容易造成搜寻结果的无效,即搜寻后所得到的是大量无用的结果或无关的信息,而用户所需要的特色化信息推送服务却非常缺乏。随着科技创新的快速发展,科技资源的占有主体、数量和种类都呈现急剧增长之势,科技资源的更新速度也越来越快,通过网络平台确实也加快了信息的传播速度,但各领域的科技创新主体对于科技资源的需求也趋向复杂化、多样化和个性化特征。因此,为了更好地服务于科技创新主体对科技资源的需求,充分实现客户需求与资源的快速匹配对接,科技资源共享服务平台需要对服务流程进行创新和设计。如果只简单地建个网站发布仪器的共享信息,而未对仪器的预约、使用,以及后续的绩效考核和改进进行管理,这样的服务体系是不完整的。

在科技信息资源的服务方面,由于信息的不对称性,需要服务机构为信息的需求方和供给方提供及时的信息。截至2020年3月,长三角地区尚未建立统一的科技资源调查工作体系和信息平台,用户对科技资源信息不了解,对获取渠道不熟悉、了解不全面,不知道到哪儿找或找不到。如苏州一家中小型微生物企业花 100 多万元购买全球医学文献数据库跟踪最新研发动态,而这些文献资源在各医学院校大多有或可以通过省工程文献平台获取。在专业服务能力方面,已有的科技资源共享服务平台服务能力较弱,缺乏专业化水平高、运行机制灵活、服务模式新颖的社会化服务机构和高水平服务人才的参与。

四、科技资源共享保障机制不健全

从法律法规层面看,我国尚且没有一部对科技资源共建共享进行明确规定的法律文件,长三角科技资源开放共享机制也同样缺乏法律基础。据报道,长三角科技资源共享没有明确规定政府和科技资源管理单位的权利、义务和责任以及处罚。同时,缺乏共享的相关制度和具体运行机制的支持,使得共享实践缺乏操作层面的规则,科技资源共享在具体实践中也存在障碍。

从利益分配机制看,长三角科技资源开放共享机制缺乏对付出和收益的明确规定。收益不确定引发的风险使得参与地区踌躇不前,影响了参与各方的积极性,这在一定程度上导致合作方因为无法对收益进行预判而不全心投入。

从管理机制看,长三角区域科技资源共享管理机构属于政府事业行政管理部门,由于不同种类的科技资源设备隶属机构不同,结果导致科技资源设备使用效率不高。

第五节　国内外科技资源共享的主要经验及启示

一、国外经验

1. 美国

20世纪90年代初美国的科学信息资源已开始实施共享机制。通过建设广泛分布、高效率的科学信息资源共享中心,实现了公益性信息资源的社会共享。美国以"完全、开放、无偿"为原则制定了资源共享政策和法律法规。美国《联邦采购法》是针对科研设施共享制定的法规,该法规为仪器依托单位在共享方面的职责确立了三项基本原则:一是最大限度消除依托单位因占用政府资产所带来的竞争优势,避免不公平竞争;二是依托单位必须最大限度地利用政府资产来履行合同内容,并依据政府资产管理标准对政府资金进行管理;三是保证依托单位所占有的政府资产可最大限度地在联邦政府部门中再利用。

在科学数据共享领域,美国在20世纪90年代便认识到科技数据资源共享利用的重要性,分别于2012年、2013年、2016年启动"大数据研究和发展计划""大数据到知识(BD2K)计划""联邦大数据研发战略计划",通过这一系列计划的实施来支撑美国的科技数据开放共享战略。美国将数据资源分为政府拥有、产生和资助产生的数据以及私人公司投资产生的数据。《信息公开法》和《版权法》将国有科学数据资源"完全开放",如美国的科学仪器平台一般依托政府科研机构、高校或其他非营利机构运营,开展科学研究一般不再新购科研设施与仪器,主要通过科学仪器平台共享实现,开展有偿使用服务,保持财务收支平衡,仪器设备24小时开放,大幅度提高仪器的利用率,并及时更新购置仪器设备,使用户满意。对于政府的数据,"完全开放"共享,建立国家级数据中心群与数据共享网;对于私人公司产生的数据,纳入"平等竞争"市场化共享管理机制。通过市场竞争方式降低数据价格,且通过税收进行调节和控制,降低数据共享价格,达到促进科学数据应用的目的。

在设施和仪器共享方面,美国高校院所仪器共享有一定限制条件,其高校仪器的共享对象有校园内机构、校园外研究机构及企业等3种类型,共享对象的开放有对所有用户公开、对每个需求具体分析、对所有用户不公开等3种共享机制。在国际设施共享方面,美国物理学会发布的 *Access to Major International X-Ray and Neutron Facilities*,对国际光源和中子设施共享提供了政策指导,主要有2种方法:一是双边协议共享,即通过不同国家的科学机构之间的双边协定实现共享;二是建造仪器共享,即在设施内建造一种仪器可以获得进入外国设施的机会。

在自然科技资源共享方面,美国重视自然科技资源共享的相关立法,建立一套知识产权保护法律和社会约束机制,如为保护和合理经营丰富的自然资源,颁布一系列法律法令,建成了国家公园、国家森林保留区、野生动物保存地等体系,成立了管理各类自然资源的机构,引导、规范自然资源保护及利用。美国的一些商业公司通过合同方式,与资源拥有者订立协议以解决资源共享问题。科技文献资源共享主要依赖于图书馆和出版单位的文献信息资源,通过先进数据库系统来组织资源和提供中介服务。总体来说,美国鼓励共享平台建设,建立完善的科技资源共享政策,确立共享战略,对不同领域给予不同的支持,支持科技资源共享。

在管理体系方面,美国已经形成了政府拥有,高校、企业、非营利机构等各种类型组织多样化协同运营科研基础设施的模式。十分注重科研基础设施、大型仪器、中型仪器、网络基础设施等工具和功能的投资比重和组合,注重学科之间的平衡,并设立专门组织开展评议。比如,国家实验室是美国科研基础设施的主要载体,由美国能源部管理,而负责美国能源部国家实验室运行管理的机构有:高校、高校及其他机构合作设立的有限责任公司、其他联合公司和信托基金等。其管理形式有 5 种：以高校与能源部直接签订合同方式实现对实验室的管理；高校联合信托基金、公司等机构成立有限责任公司，与能源部签署合同共同管理实验室；由其他类型机构联合成立有限责任公司与能源部签署合同实现管理实验室；信托基金与能源部签署合同实现对实验室的管理；非"政府拥有"状态下的合同制管理。

2. 欧盟

欧盟中不同国家的科技优势不同，国家与国家之间科技资源共享要弱于同一个国家中的共享，为此欧盟提出了欧洲科研区域和欧盟跨国使用科研基础设施计划。欧洲科研区域理念主要建立以优秀科研院所为中心的科研网络，利用信息技术联合各国科研网络，发展共建共享的科研区域，鼓励参与国开展科研合作项目，鼓励各国科研人员相互交流，以此来促进科学技术的创新与发展。欧盟跨国使用科研基础设施计划规定欧盟范围内由政府投资形成的科研基础设施应当允许其他国家的科研单位使用，以此来共建共享科研设施。如德国所有政府投资配置的科研设施，都免费向国内外科研院所及其科研人员开放使用，并且专门为一些重大的科学仪器设备成立了协调委员会，以保证开放共享协调有序进行，如果某科研院所或科研人员想要使用某种仪器设备，就可以向协调委员会提出申请，经委员会批准即可使用。同时，欧盟发起多次科技联合攻关项目，成立专门组织进行科技专项攻关，将各国有优势的科研团体、企业、组织联合起来，实现科技资源的共享与充分利用。如 1984 年欧盟开始实施研发框架计划（Framework Programme, FP），到目前为止已经发起过 7 次计划，当前正处于以"地平线 2020"为名的第八次综合框架协议计划（2014—2020 年）。欧盟依托多国共享科研区域、科研设施等方式，有效促进科研人员的沟通与交流，从而形成了科技资源共享的辐射性网络，多国共建共享科研区域和仪器设备，推动科研发展。

在科技数据共享方面,英国为成为大数据分析的世界领跑者,2013年发布了《英国数据能力发展战略规划》,该战略系统性地研究了数据能力的定义及如何提高数据能力,并对此提出了相关举措建议。2018年欧盟委员会启动欧洲开放科学云(EOSC-hub)和全球开放获取运动项目,用来重点支持大数据驱动的科学发现。

在管理体系方面,欧洲大部分科研基础设施在建设初期就成立了董事会、监事会等治理结构。如欧洲散裂中子源(ESS)以有限责任公司的形式运营,董事会成员由瑞典和丹麦政府任命,督导委员会负责科学和财务方面的规划。督导委员会分设行政和财务委员会、实物审查委员会、技术咨询委员会、科学咨询委员会、常规设施咨询委员会。德国的科研基础设施主要由非大学类型的应用研究机构亥姆霍兹国家研究中心联合会负责建设,国际合作出资建设和运营成为常规的模式,代表性的科研基础设施的运营管理和共享模式如欧洲X射线自由电子激光装置,按照公司化运营并建立了多个不同职能的委员会。英国的国家基础设施一般由科学与技术设施理事会监督,并负责提供公共资金的部分预算。

3. 日本和韩国

日本政府对大型科学仪器设备资金投入非常大。在每年投入的科研经费中,大型科学仪器设备的投入占到很大比重。日本规定政府资金投入的科研设施必须免费向社会开放,接受企业和社会的试验委托。在加大政府对科研设施投入的同时,注重设备使用效率的提高。同时通过拟定法律政策与战略、开展项目计划、提供财政投入资助和鼓励官民共建等手段,建立起一批独特的体制,主要包括:国立大学共同利用体制、产业技术合作研究体制、大型尖端科研设施共同利用体制,以及中央与地方政府携手、产学官合作科技资源共享体制。日本法制健全,产学研也共同开发,取得了成绩,积累了经验,"设备共享、接受民间委托"可谓是日本科技资源共享中最为成功的部分。

韩国政府在科技资源共享方面,通过颁布一系列法律法规来保障大型仪器设施等科技资源向社会开放共享,先后颁布了《协同研究开发促进法》《科学技术革新特别法》《技术开发促进法》《技术评估法》《韩国科学技术院法》《科技框架法》等系列法规,其中《科技框架法》包含了 29 种涵盖科技发展的政策规定。韩国还实施技术开发准备金制度、技术及人才开发费税金减免制度等税收优惠政策,为共性技术研发和自主创新能力提升营造良好的环境。韩国的科技计划非常重视产学研联合承担跨部门的大型研究计划,先后设立"产学合同委员会",对产学研之间人、物的交流和科技联合攻关等活动进行支援,设置"产业技术情报综合中心"和"产学研交流中心",为企业提供技术指导和技术信息;设立"基础科学研究支援中心",负责向政府研究机构、大学和有关企业提供科研信息和实验设备。

二、国内经验

1.科技资源共享网(或平台)

我国科技资源共享模式主要是政府和科研单位联合驱动式,即以政府为主导,各科研院所积极配合,以科技资源共享平台建设为核心来实现科技资源的优化配置。如科技资源共享网,形成 32 类科技信息数据库,囊括了仪器设备、自然科技资源、科学数据、科技文献、科普资源、实验基地六大领域的大量资源,建成 23 家国家科技基础条件平台及 18 家地方科技资源网站,但大多数共享平台仍然是以政府为投资主体的单一发展模式。北京的"首都科技条件平台"整合中国科学院、北京大学、清华大学等院校的国家级、北京市级重点实验室、工程中心 878 个,仪器设备 4.03 万台套,聚集了包括两院院士、长江学者等高端人才在内的万余名顶尖专家资源。天津则依托"科服网"、大型仪器共享协作、孵化器综合服务等互联网平台构建市场化、专业化创新服务网络,探索"O2O"科技服务电商平台。

2. 科技政策和法律法规

早在 1993 年我国就通过了《中华人民共和国科学技术进步法》,提出发挥科学技术第一生产力的作用,促进科学技术成果向现实生产力转化,推动科学技术为经济建设和社会发展服务。2008 年再次修订后实施的《科学技术进步法》规定:国家加强跨地区、跨行业和跨领域的科学技术合作,加强军用与民用科学技术计划的衔接与协调,鼓励科技资源共享。2015 年国务院印发《关于国家重大科研基础设施和大型科研仪器向社会开放的意见》,部署通过深化改革和制度创新,加快推进科研设施与仪器向高校、科研院所、企业、社会研发组织等社会用户开放,实现资源共享,进一步提高科技资源利用效率。2017 年科技部、发展改革委、财政部共同制定《国家重大科研基础设施和大型科研仪器开放共享管理办法》,推动国家重大科研基础设施和大型科研仪器的开放共享,充分释放服务潜能,提高使用效率。2018 年科技部、财政部印发《国家科技资源共享服务平台管理办法》,规范管理国家科技资源共享服务平台,推进科技资源向社会开放共享,提高资源利用效率。办法规定"国家科技资源共享服务平台的管理、投入、运营、考核和共享服务机制,规定利用财政性资金形成的科技资源,除保密要求和特殊规定外,必须面向社会开放共享;鼓励社会资本投入形成的科技资源通过国家平台面向社会开放共享"。

3. 京津冀模式

京津冀地区以"优势互补、相互促进、紧密合作、互利共赢"为原则,开展资源共享、信息服务、决策咨询等合作,构建科技信息服务新模式,建立长效合作机制。2018 年京津冀科技资源创新服务平台在北京正式发布,该平台是国内首个跨区域科技资源信息综合服务平台,以"科技资源＋数字地图＋情报研究＋平台服务"为模式,集信息查询、可视化与分析、综合评价、辅助决策等功能于一体,面向三地政府、企业、科研人员提供信息和咨询服务。京津冀科技资源创新服务平台的推出,为加快推进三地科技资源汇聚、科技协同创新、科技成果供需对接、科技服务示范应用等工作奠定基础,为推进京津冀协同创新共同体和全国科技创新中心建设提供战略支撑。

4. 珠三角模式

珠三角地区遵循"整合、共享、创新、发展"的建设方针,有效地整合和优化配置全省的科技资源,初步建成了布局合理、功能完善、体系健全、共享高效的科技基础条件平台——广东省科技资源共享网,主要有实验室体系共享平台、自然科技资源共享平台、大型仪器及检测公共服务平台、科技文献共享平台、科学数据共享平台、科技信息服务平台、网络计算资源共享平台、产业科技创新服务平台、广州科技资源公共服务平台。政府建立数据统一开放平台,对省内政府部门数据进行融合,广东地区在政府官方网站中公布大量的信息,对科技系统进行整合,实现科技部门资源的开放共享,为广东省相关支柱产业发展提供了强有力的科技支撑。

三、启示

1. 注重科技资源开放共享的顶层设计

无论是一个国家内部不同区域的科技资源共享,还是不同国家之间的科技资源共享,都需要有宏观层面的统一规划和战略布局,对科技资源不同主体间的利益进行协调和统筹,如果没有国家(或区域)整体一盘棋的科技资源共享框架体系、建设思路及实施步骤,资源共享目标就难以实现。同时需要进一步推进跨领域、跨部门的中观层面,以及点对点之间的微观层面的科技资源整合与共享,构建有机联系、科学高效、运转协调的科技资源共享体系。

2. 完善科技资源共享法律法规体系

政策法规是促进科技资源共享的基础保障,国外一般都有相对完善的法律和政策保障体系来实现科技资源共享。日本、韩国对科技资源共享有多部法律对其进行指导和规范。欧盟以原则和政策指引的形式,形成了以法律、规章、指引、规划、办法等一系列管理体系。在制定法律法规时要体现很强的目标性、针对性、可操作性和可实施性,往往是针对科技资源共享中产生的新需求、矛盾或问题等提出规范该特定领域而制定的法律条文或政策体系,比如科技资源共享中的知识产权管理和保护体系,明确自主知识产权的范围、权利、责任等。同时,在推进立法制定过程中,要注重促进科技资源由"重保护"向"重利用"转变,实现共享价值最大化,以及注重政策法规的落实举措,政策法规如果没有落到实处,科技资源共享还是难以实施。

3. 公共科技平台是科技资源共享的重要手段

发达国家一般依托信息、网络等技术,有计划地组织不同地域、不同单位间大型仪器设备、科技文献、科学数据、自然科技资源等各类科技资源的整合,建立专业的公众科技资源中心,让其按政府意图进行科技服务活动。常见的共享平台有:单一的学科仪器设施共享平台、融合高性能计算和数控共享的仪器设施平台、覆盖全学科的综合型仪器设备区域平台、涵盖科技计划管理、科技成果对接、科技专家信息等综合性平台。在平台建设主体中,政府主导最为常见,高校主导建设或接受委托也是模式之一,还有与企业进行合作开发的模式。通过平台建设,使平台成为实现科技资源共享的有效载体,进行分类型、分领域、有针对性地提供专业的共享服务。

4. 多主体参与的科技资源共享管理机制

有效的管理体制是实现科技资源共享的组织保障。从参与主体看,美国科研基础设施往往由高校承担管理工作,因此,高校可以是主要运营方或参与方;欧洲主要国家科研基础设施与高校关系与美国不同,非高校的各类研究机构是运营主体的情况较多,高校多数情况下是参与者。因此,科技资源共享的管理主体可以是多元化的,根据共享对象、环境等的不同而不同。从运营管理看,美国和欧盟等发达国家组织管理科研设施和大型仪器一般有专门的用户选择委员会、咨询委员会、理事会等,还有专门的审查委员会、同行评议委员会等,有效支撑了建设和运营。因此,可以借鉴国际经验,探索公司化独立或合资的运营机制。

第六节　加强长三角区域科技资源共享的浙江思路

本节在对长三角科技资源分布特征以及科技资源共享现状和存在的主要问题进行分析的基础上,结合浙江科技与经济发展实际情况以及浙江科技资源配置现状,提出以政府顶层设计为指导方向,以市场驱动为配置基础,以多主体协同联盟为组织形式,以科技资源共享平台为主要载体,以金融、法律、服务体系为保障机制的浙江科技工作建议。浙江科技工作在长三角区域一体化战略目标框架下,注重地方和区域宏观政策的统一性与协调性,发挥浙江领军企业和大院名校的辐射带动效应,形成联合政府、高校、研究机构服务中介组织的多元化合作联盟,以重大战略项目、高精尖研究项目和重大课题为纽带,开展跨项目、跨学科、跨领域的交流与合作,完善科技创新金融服务、法律保障等体系,通过科技资源的按需配给,实现科技资源效用最大化。

一、加强顶层设计,对科技资源进行分类指导

加强以科技资源共享为核心的顶层设计,浙江省政府在科技活动中应把握全局和战略方向,从宏观层面对科技资源共享进行指导和协调。可以建立科技资源共享的省级联席会议制度,各地市建立联络员制度,由专员负责联络、沟通和协调科技资源共享工作,对科技资源共享的区域合作项目成立相应的专题小组,提出制定项目执行方略,落实合作事项,并定期向

省级联席议会办公室报告合作项目的落实情况。根据浙江省各地区科技资源的梯度分布特征和科技创新能力的落差,通过必要的政策手段和制度安排对各地市科技发展进行统筹规划,统一协调科技资源的配置,建立区域分工协作的科技创新格局。梳理浙江省的地方性法规政策,尽可能地探索各地市普适、相互开放或易于对接的创新创业政策措施。

根据科技资源在共享中的特殊性,政府对科技资源共享应进行分类指导。大型科研仪器设备等科研基础设施,由于其具有采购成本高、专用性强,且需占用一定的空间放置和使用设备等特征,如果不采取开放共享,往往会造成资源浪费,这就需要政府通过鼓励政策拓宽合作共享途径和方式。科技信息和数据资源具有可复制性、重用性、外部性、易扩散性以及产权主体和产权价值的不确定性等特征,政府需要健全统一有效的科技信息共享平台,执行区域内统一的科技政策标准,进行科研资质的区域内互相识别和认同,实现地区间互通互兑,如创新券的使用,各地逐步进行接入合作,使各地各园区的创新券使用具有同等效用,为区域内科技资源的顺利流动创造良好条件。科技人力资源是科技活动的核心,政府需鼓励科技人才合理流动,支持院校领军人才通过兼职、咨询、讲学,或担任顾问、科技特派员、创业导师等方式跨区域服务企业,推进与人才多向流动相匹配的职称、人事档案管理、社会保障等区域科技人才制度,完善跨区域人才信息平台、共享网络等促进机制。

二、引导科技资源主体开展多元合作,带动资源互补

科技活动的微观主体主要包括企业、高校、科研院所等,浙江省的科技活动中企业是主体,高校和科研机构是科技活动的基础。科技资源共享的搭建和协调主体包括政府相关机构(如各级科协)、民间协作组织(如行业协会或中介机构)、跨区域协调组织(如国际科技/行业组织,跨国公司的内部组织等),它们是科技共享的重要组织和推动者。科技资源共享平台的

引导和管理者主要指以产业政策或经费审批等方式影响和引导科技资源平台的建设和发展的政府管理部门,还包括相关法律法规的制定和执行部门。以上各个主体之间既有合作又有竞争,只有促进区域内各创新主体深度协作,才能保证科技资源按照市场需求自由流动,进行合理配置。

从微观层面看,促进区域内各科技资源主体在科研人员、研发经费的地区间匹配与合作,广泛开展科技人员交流互动,在各创新主体合理分配研发经费,推动创新资源重组,实现区域创新资源在不同创新主体配置效用的最大化。

从中观层面看,推动区域企业、大学及科研机构加强科技合作,建立不同科技主体互动互利、联合开发的新机制,联合共建技术研发基地、高端实验室、高技术产业园区等,促进区域内不同创新主体之间的知识流动和技术转移,提升科研集聚优势,增强科技协同能力。各级政府可以鼓励支持各个社会团体(如社会团体、中介机构、行业协会)积极参与科技资源共享活动,将科技资源共享模式由政府引导为主逐步转变为社会团体、企业和政府共同参加的具有显著梯度和很强层次性的网络互动型协作方式。

从合作方式看,发挥领军企业引领和大院名校辐射带动效应,支持组织建设区域性产业技术创新战略联盟、产业技术研究院、协同创新中心等形式,以市场需求为导向,定向集聚和配置技术、信息、人才、资金、成果等各类科技资源,通过联合共建企业重点实验室和技术中心、院校技术经纪人、科技特派员、产业导师等方式构建科技资源双向流通的长效协作机制,还可以鼓励中小微企业通过参与创新联盟、外包、众包等"群聚"模式整合共享碎片化资源,搭建区域性科技成果转化服务平台,互通供求信息,提高区域内科技资源共享水平。

三、积极探索市场化运作的利益共享机制

经济利益是科技资源共享动力得以产生的决定因素,因此需要确立以

经济利益为核心的科技资源共享机制，使科技资源共享外部收益内部化。

首先，在科技资源共享过程中加强各方主体的沟通与交流，建立利益诉求表达渠道，明确各方参与科技合作所带来的利益，消除多个创新主体及利益主体之间的矛盾和冲突。对科技资源按照其特性和重要程度进行分层，区别对待，比如，对于基础性的、共性的、已经成熟的科技创新资源，在保障国家安全和不泄密的前提下，由政府支持免费提供给社会，完成共享；对专门性的、正处于研制和突破阶段的，或者符合国家新兴产业技术发展方向的创新资源，则应运用市场化的运作，采取有偿使用或明确收费标准，所获得的收入投入后续的研发活动中，鼓励和推进优质科技资源建设的可持续发展。

其次，建立明确的利益分配机制，利益分配应主要通过市场来实现，综合考虑合作各方资源投入、贡献份额，根据谁投入谁受益原则，按贡献大小来确定利益分配。

最后，探索市场化运作的长效机制。比如，按需定制，构建科技资源共享的多样化服务模式。在已有的科技资源共享平台基础上，通过提供多样化、差异化的产品和服务，使需求侧个性化、多样化的需求能够直接、快捷地传达到共享平台和供给侧，从而构建科技资源共享的多样化服务模式。这不仅可以快速高效地完成科技资源和服务的精准匹配，满足需求侧的个性需求，而且可以通过深度挖掘数据资讯和按需定制更好地满足科技资源主体的长期利益诉求。

以仪器设备共享为例，通过引入市场机制带动仪器设备的共享效率。浙江省的科研仪器设备多集中在高校和科研院所，按照所有权和使用权可分离的原则，通过市场机制引入第三方中介机构，创新大型科学仪器共享市场发展方式。高校、科研院所、检验检测机构等把平台上的科研仪器、检验检测、研究开发等科技服务"商品化"，通过专业的第三方平台为商品的供需方提供匹配，企业通过平台自主选择服务种类、自主下单交易。通过这种方式既减少了仪器设备所有者单位的管理压力，又提升了仪器设备资源的使用率从而增加了仪器设备所有者单位的经济效益，提高了共享积极性。

四、完善科技资源共享的保障机制

一是建立健全和科技资源共享有关的法律法规及各项规章制度。通过法律法规保障科技资源共享是发达国家的成功经验之一，浙江省应加快科技资源共享法律法规的建立与健全，依法明确科技资源共享内容、标准、程序、责权利，建立管理单位和人员绩效评估、利益分配和激励机制。进一步规范科技资源信息备案、公开和定期更新机制，依法依规面向社会公开，尽可能消除信息不对称障碍。明确科技资源配置过程中各主体开放服务的权利义务，研究制定科技资源管理与开放共享的具有约束力和实操性的法律法规。首先，法律法规要具有很强的目标性、针对性、可操作性和可实施性。其次，建立科技资源共享的法律监管平台，包括外部的法律和政策以及信息共享网内部制定的章程。最后，根据内外部环境的变化及不同科研工作的自身特点制定相应适合的法律法规。科技资源共享与单位或机构，以及科研人员的关系密切，且复杂多变，因此应根据具体问题做出具体分析，分情况讨论，不同情况不同对待，制定相应的法律、法规以及管理办法，创造良好的法律环境。

二是提高科技资源共享的管理和服务水平。科技资源利用率的提高，依赖于共享管理水平的提高，所以要提高政府部门科技资源共享的管理服务水平。引入市场和社会团体的作用，使政府、社会、市场三方形成合力，建立以社会化公共服务为主的科技资源共享服务模式。国外经验已实践了科技资源共享的公共服务社会化模式的有效性。比如，德国的民间组织史太白技术转移中心就是一家面向社会、面向市场的非营利组织，提供"技术咨询、研究开发、国际技术转移、在线培训、评估报告等"服务。政府依靠这些社会团体参与科技资源共享的服务中,不仅扩大了自己的业务范围,而且也提升了科技资源共享的效率,提高了用户的积极性。

三是加强科技资源共享的金融支撑体系。建议三省一市金融办牵头投资局、国有银行等探索共建长三角科技开发银行,强化金融对科技资源共享的支持力度。在创业风险投资、科技贷款、科技保险、知识产权质押、信用担保等领域推动科技金融创新的综合试点,推行跨行政区开设账户、存贷款等相关金融服务,鼓励跨省区开展科技风险投资活动,增强银行之间的便利性,简化手续。还可以鼓励国外风险基金和其他各类经济成分参与创业风险投资事业。

第五章　开创全球创新资源集聚 融合的新局面

国际交流与合作是当今世界的大势所趋，也是各国实现发展与增长的必由之路，新冠肺炎疫情更是凸显了加强国际合作的极端重要性。虽然单边主义和贸易保护主义时有抬头，对全球创新合作带来不利影响，但加强对话和交流依然是全球大多数国家之愿。我国科技创新正处在爬坡过坎的关键阶段，亟待提升国际创新合作水平，构建全球科技创新命运共同体。浙江省迫切需要汇聚全球创新资源，补足高等教育机构、高水平科技人才、引领性创新平台、高水平企业研发机构等科技资源存量相对不足的短板，打造国际科技创新中心。本章对长三角三省一市集聚全球创新资源的政策举措、主要效果进行综述，分析当前重要形势，并提出浙江省汇聚全球高质量国际创新资源的基本思路和重大政策。

第一节　浙江省引进国际创新资源的总体情况

一、汇聚国际创新资源相关政策

"十三五"以来，浙江省全面贯彻落实党中央、国务院的决策部署，围绕科技创新"四不"问题，深入开展"八倍增、两提高"科技服务专项行动，加快建设创新型强省。经过持续的努力,浙江省的区域创新能力位居全国第五,综合科技进步水平指数为全国第六,企业技术创新能力升至全国第二,创新创业生态环境不断优化,科技金融结合不断深化,人才创新创业活力充分激发。这一切成果的取得离不开浙江省引进国际创新资源政策的支持,包括宏观科技发展规划、人才政策、技术引进政策、国际合作政策。

在人才政策上,以集聚人才为价值导向,着力吸引各类高端人才和创新团队等全球智力资源。浙江省在奋力推进"高水平全面建成小康社会"和"高水平推进社会主义现代化建设"两个"高水平"建设过程中,充分意识到人才的重要性。早在 2003 年,习总书记在浙江工作期间就反复强调人才的战略地位,将人才强省纳入"八八战略"。2006 年,首次编制并实施《浙江省"十一五"人才发展规划》(浙委〔2006〕14 号),为浙江省未来 5 年人才队伍建设描绘出宏伟蓝图;2010 年,在第二次浙江省人才工作会议上,出台了《浙江省中长期人才发展规划纲要(2010—2020)》(以下简称《纲要》),《纲要》中提出 12 项重大人才工程和 8 个方面的重大人才政策;2014 年 10 月,浙江省省委鲜明提出打造人才生态最优省份;2017 年 6 月,浙江省第十四次党代会旗帜鲜明地将"人才强省"作为"四个强省"工作导向之一;2017 年 9 月,浙江召开第三次全省人才工作会议,出台了《高水平建设人才强省行动纲要》;2020 年 6 月,中国共产党浙江省第十四届委员会第七次全体会议通过了《关于建设高素质强大人才队伍,打造高水平创新型省份的决定》,明确从四个全力建设具有影响力、吸引力的全球人才蓄水池,围绕三大科创高地全力建设全球创新策源地,全力建设具有国际竞争力的企业为主体、市场为导向、产学研深度融合的技术创新和产业创新体系,全力建设科技创新与人才生态最优省。在人才规划和纲要等文件的引领和指导下,浙江省出台了人才引进、体制机制改革、激励保障等具体政策。2009 年,浙江省出台《关于大力实施海外优秀创业创新人才引进计划的意见》和《浙江省"海外高层次人才引进计划"暂行办法》(浙委办〔2009

73 号）。在此基础上,浙江省以重点人才计划项目为牵引,统筹开发国际国内人才资源,做大做强人才队伍基本盘。2017 年出台的《扩大海外工程师引进计划暂行办法》引导和鼓励企业大力引进"高精尖缺"外国人才。2019 年,为引进支持全球顶尖人才来浙创新创业,浙江省启动实施"鲲鹏行动"计划,旨在未来 5 年在数字经济、生命健康、新材料、先进制造等领域集聚 100 位左右具有全球影响力的"灵魂人物"。除了引进个人,浙江省于2014 年启动领军型创新创业团队引进培育计划,通过团队式的人才引进和培育,实现人才工作从个体到团队的深度发展,截至 2020 年,浙江已经形成以鲲鹏计划、特级专家、领军型团队等人才项目为主体,覆盖引进和培养、塔尖和塔基、个人和团队、创业和创新的高素质人才引进培育体系。

在平台政策上,以打造高能级平台为重要抓手,不断增强全球创新资源吸附力和承载力。2003 年开始实施引进大院名校共建创新载体战略。2019 年 12 月,浙江省科学技术厅正式发布《浙江省引进大院名校共建高端创新载体实施意见》(浙科发外〔2019〕111 号),意见中提出,围绕"高尖精特"大力引进大院名校共建创新载体,力争到 2025 年实现引进共建各类创新载体 200 家目标。2020 年,浙江省人民政府办公厅出台的《关于加快建设新型研发机构的若干意见》提出,要通过吸引国内外一流高校、科研机构或高层次人才团队、国家级科研机构、中央企业和地方大型国有企业、世界 500 强企业和外资研发型企业来浙设立新型研发机构。

在合作政策上,以国际合作与交流为主要途径,充分利用全球创新资源,提升自身自主创新能力。2016 年,《浙江省基础研究"十三五"发展规划》把以深化开放合作为重要途径作为"十三五"基础研究工作的基本原则,强调积极争取和利用国内外科技资源,培养和集聚一流科技人才,着力提升高校科研水平,加强学术交流,支持科学家更加广泛地开展国内外合作与交流,取长补短,提升浙江省基础研究影响力和研究实力。2018 年,在全省对外开放大会上,浙江省委、省政府发布了《关于以"一带一路"建设为统领构建全面开放新格局的意见》和《浙江省打造"一带一路"枢纽行动计划》,这两个文件为浙江省抓住"一带一路"机遇、加强国际合作指明了方向和路线。2019年,浙江省科学技术厅印发的《浙江省技术转移体系建设实施方案》强调拓展国际技术转移合作空间,加强与海外高校、企业、科研机构以及国际技术转移机构合作,形成链接全球的网络体系。2020年,浙江省科学技术厅印发的《浙江省自然科学基金委员会章程》提出浙江省自然科学基金委员会将通过资助合作研究、学术会议、人员交流的形式吸引国外科学家参与浙江省技术研究,支持浙江省科学家广泛参与国际合作与竞争。这一举措为浙江省引进国际科技资源创造了良好的环境,提高了浙江省科学家们参与国际合作的积极性。

二、汇聚全球创新资源基本情况

浙江省市场化改革起步早,市场机制灵活,民营企业发达,引进国际创新资源较早,汇聚全球创新资源已有初步成果。截至2020年,浙江省已与俄罗斯、美国、欧盟等50多个国家和地区建立了全方位、多层次、宽领域的国际科技交流合作体系,形成了国际创新资源交流的桥梁和纽带,创建了一批国际科技合作基地和国际技术转移机构,实施了一批国际科技重大合作项目。

从国际合作项目来看,2001年以来,浙江省承担国家国际科技合作项目101项,科技厅立项省级国际合作项目500多项,财政科技投入超过2亿元。此外,浙江省制定实施了"一带一路"科技合作全球精准对接行动计划,精准对接全球创新资源,深化与"一带一路"、欧美日等重点国家和地区的交流合作,推动建立政府间科技合作关系,实施省"一带一路"科技合作、国际联合产业研发计划等项目,推进研发与管理的国际化。2014年开始,浙江省科技厅就与重点合作国家共同设立了产业联合研发计划,与加拿大、芬兰、以色列、葡萄牙、捷克等国采取对等支持方式,共同支持双方科技企业间面向国际市场、以产业化为目的的产业研发合作项目,共资助项目22 项、3160 万元。其中,支持"一带一路"项目 19 个,资助金额 2900 万元,项目合作单位涵盖 10 余个沿线国家和地区。

从国际合作平台来看,浙江省积极与国外高校、科研机构、企业合作共建各类创新载体,汇聚全球创新资源,扩大科技对外影响力。一是引进海外大院名校建设高能级创新平台。截至 2019 年底,浙江省已引进海外大院名校 76 家创新载体,并计划到 2025 年增至 200 家。二是建设国际科技合作基地。浙江省已建成一批国际科技合作基地,其中包括 11 家经科技部批准的国家级国际科技合作基地。三是与企业共建海外研发中心。以阿里巴巴、万向、吉利、雅戈尔、新杰克等为代表的浙江企业已成功通过海外并购等方式走向国际。四是建设海外创新孵化中心以吸引人才和项目落地浙江。2018 年,7 家海外创新载体入选浙江省第一批海外创新孵化中心创建和培育名单,这 7 家单位共引进落地浙江项目 163 个、人才 226 人(含投资引进和推荐引进)、创新载体 7 个,在孵项目 621 个。

从国际人才引进来看,浙江省精准把握全球人才流动新机遇,多形式、多维度、多领域实施各类人才引进计划,吸引和集聚各类优秀人才。自2014 年启动领军型创新创业团队引进培育计划以来,到 2019 年年底,浙江先后引进培育 118 个领军型创新创业团队,集聚高层次人才 1100 余人。2019 年,浙江新入选两院院士 7 人,创历史新高,其中 5 人是省特级专家。

第二节　沪苏皖集聚国际创新资源情况

一、坚持柔性引才,加速人才集聚

柔性引才是指突破国籍、户籍、地域、人事关系等刚性约束,坚持以用为本,对人才"使用弹性、管理软性、服务个性",充分体现个人意愿和单位用人自主权的一种人才智力引进方式。近年来,上海、江苏和安徽纷纷建立柔性引才机制,广聚海内外智力。

上海着力创设更具吸引力的人才发展环境。《上海科技创新中心指数报告 2016》显示,2014—2016 年以来,上海对全球高端创新资源的吸引力不断增强,并相继制定"人才 20 条""人才 30 条"等政策措施,为上海全球科创中心建设提供人才保障,正逐渐成为创新资本、人才、机构、设施等要素集聚的沃土。2018 年,在原有普适性政策基础上,抓牢科技创新的"关键少数",上海出台《上海加快实施人才高峰工程行动方案》,聚焦上海有基础、有优势、能突破的 13 个重点领域为高峰人才提供"量身定制,一人一策"服务。在配套政策上,上海致力于破除人才发展体制性壁垒,制定实施了关于促进科技成果转移转化、科研计划专项经费管理、科研人员双向流动等一系列细则,在人才激励、流动、评价、培养等各环节下放权力、放大收益、放宽条件、放开空间。此外,上海通过建立离岸基地这一新载体来快速集聚海外人才,建立与国际接轨的海外人才机制,形成海外高端创新创业人才在上海自贸试验区的群聚效应。

江苏充分发挥市场在人才资源配置中的作用。自 2017—2018 年来,江苏先后出台了"人才 26 条""人才 10 条"等政策文件,着力清除人才流动、创新创业、国际交流等方面的障碍。针对精准引进高层次人才提出了"一事一议、不定框框、不设上限"等顶级支持政策,根据发展需要全力提供经费支持。在《关于深入推进大众创业万众创新发展的实施意见》中提出,要引进高层次人才创业,放宽外国高端人才永久居留证办理条件,对列入省"双创人才"的外国高端人才,其本人及其外籍配偶和未满 18 周岁外籍子女,可申请办理永久居留手续,拥有永久居留身份证,享受与中国公民同等待遇。

安徽致力于打造人才"引、育、留"全链条。一是通过团队引人。安徽实施"江淮英才计划",培养引进一批科技领军人才和高水平创新团队,深入推进技工大省建设。2014年起,省市联动面向国内外扶持了500多个高层次科技人才团队携科技成果来皖创新创业。二是通过平台育人,安徽依托现有的托卡马克、稳态强磁场、同步辐射等"国之重器",以及在建的核聚变堆主机关键系统、合肥先进光源、大气环境立体探测等一批大科学装置,启动建设量子信息科学国家实验室,聚集和培育高端科研领军人才近千人。三是通过待遇留人。修订出台了《安徽省促进科技成果转化条例》《安徽省促进科技成果转化实施细则》等,将科技成果转化收益奖励科技人员比例由不低于50%提升至70%;设立运行省科技成果转化引导基金,为科研人员转化成果成立科技型企业提供融资服务。

二、搭建创新平台,提供集聚载体

科技创新平台是集聚创新要素的重要高地、转化创新成果的有效途径和激活创新资源的重要载体。尤其是高能级创新平台在引进高端人才、重大项目和优质资本上发挥着重要作用。上海、江苏和安徽高度重视创新平台尤其是高能级科技创新平台打造,提速提效推进创新资源集聚。

上海以加快建设具有全球影响力的科技创新中心为契机,系统布局创新功能型平台。一是建设高水平创新基地。上海先后成立张江实验室和上海脑科学与类脑研究中心,形成张江国家实验室建设方案,启动建设李政道研究所、张江药物实验室、复旦张江国际创新中心、上海交大张江科学园等高水平创新机构和平台。二是打造重大科学装置。在光子领域,硬X射线、软X射线、超强超短激光等设施全面建设,硬X射线装置是新中国成立以来单体投资额最大的科技基础设施。在生命科学、海洋、能源等领域,先后启动蛋白质设施、转化医学设施等科技基础设施建设。截至2021年初,上海建成和在建的国家重大科技基础设施已达14个。三是建设功能性平台。上海启动首批研发与转化功能型平台,推进微技术工业研究院、生物医药产业、石墨烯、集成电路、智能制造,以及类脑芯片等,营造新的产业生态,集聚新兴产业的技术资源。四是建设外资研发中心。截至2019年11月底,落户上海的外资研发中心累计456家,全国最多。外资研发中心为上海集聚了大量创新资本、创新人才,研发人员超过4万人。同时,外资研发中心能级不断提升,已有49家成为全球研发中心。

江苏以打造南京综合性科学中心为契机,着力打造具有较强影响力、标志性的创新平台,形成吸引国内外高端人才、集聚各类创新要素的"强磁场"。江苏加快推进未来网络、高效低碳燃气轮机等国家重大科技基础设施建设,省地联动支持网络通信与安全紫金山实验室创建,培育筹建先进材料国家实验室,持续推进信息高铁综合试验装置、细胞科学与应用设施、作物表型组学研究设施等培育建设。2021年,上海已协同江苏、浙江和安徽共同建成综合类国家技术创新中心,并统筹建设领域类国家技术创新中心。

安徽以推进"四个一"创新主平台建设为抓手,以加强"一室一中心"建设为先锋,建设具有重要影响力的科技创新策源地。安徽高度重视大科学装置、国家实验室等创新平台建设,近年来扎实推进合肥综合性国家科学中心、合肥滨湖科学城、合芜蚌国家自主创新示范区和系统推进全面创新改革试验省"四个一"创新主平台以及安徽省实验室、安徽省技术创新中心"一室一中心"建设。安徽依托大科学装置集群,全力推进量子信息科学国家实验室建设,启动建设量子信息与量子科技创新研究院、天地一体化信息网络合肥中心、离子医学中心、大基因中心等重大创新平台,组建首批10个安徽省实验室和10个安徽省技术创新中心。截至2018年底,安徽建有国家级研发机构170家,建设中科大先进技术研究院等新型研发机构20家。

三、加强国际合作,融入全球创新体系

随着经济全球化和知识经济的不断发展,全球范围的科技创新合作已

成为世界科技发展的重要推动力。通过国际合作,不仅能更好地整合优化全球科技资源和要素,还能充分利用各国的比较优势,提高创新效率和水平。上海、江苏、安徽把握"一带一路"历史性机遇,全方位加强国际科技创新合作,积极主动融入全球科技创新网络。

上海坚持开放协同,建立多层次多领域国际合作网络。一是主动发起国际大科学计划。上海在全基因组蛋白标签、灵长类全脑介观神经联接图谱等领域,探索参与和发起国际大科学计划。一项由上海科学家发起的国际人类表型组研究的国际合作计划于 2019 年 9 月正式实现,成立了上海国际人类表型组研究院。二是推动"一带一路"科技创新合作。上海已设立 5 个"一带一路"沿线国家技术转移中心,启动建设中以(上海)创新园,深入开展中俄战略科技合作。2020 年,上海启动了"科技创新行动计划"和"一带一路"国际合作项目。具体内容包括"一带一路"青年科学家交流,资助"一带一路"国家的青年科学家与上海科研机构开展合作。三是举办国际会议、高端论坛。2019 年,上海举办第二届世界顶尖科学家论坛,论坛汇聚了 44 位诺贝尔获得者,21 位图灵奖、沃尔夫奖、拉斯克奖、菲尔兹奖等获得者,以及 100 多位中科院院士、工程院院士、中外青年科学家。

江苏坚持全球视野谋划推动更高水平的开放创新,不断提升参与和引领全球创新治理能力。一是建立产业研发合作机制。江苏与全球大部分国家或地区建立了产业研发合作机制,特别是江苏—以色列产业研发合作计划已经支持了 13 轮。以及率先与以色列、英国、芬兰、捷克等 6 个国家设立了政府间产业联合研发资金。二是承办重大国际活动。江苏举办了江苏发展大会、世界物联网博览会、世界智能制造大会、大院大所合作对接会等重大活动,并且形成了长效机制,有力推动了资金、人才、技术的汇集。

安徽国际科技交流合作,有效利用国际优质科技资源。一是搭建国际科技交流合作平台,为企业及高校院所和国外同行交流创造机会。从 2013 年起,已连续举办 3 次安徽—以色列技术对接会,200 多家企业分别

与对方高校及企业进行了现场对接交流,签订了 10 多项合作协议。二是
深入推进合作战略。安徽主动对接"一带一路""两江合作"(长江中上游地
区与俄罗斯伏尔加河联邦区合作机制)、"中德合作"等倡议或战略,重点加
强与俄罗斯、德国、东南亚、中亚及南美的科技交流合作,支持企业在境外
设立研发机构,就近利用国外的优质科技资源,在"引进来、走出去"方面发
挥带动示范作用。三是建设国际合作基地。2016 年,依托合肥高新区建
设"合肥国家中德智能制造国际创新园",作为其与德国在智能制造领域开
展科技创新、成果转化和产业化的主要基地。

第三节　浙江省集聚全球创新资源面临的机遇及挑战

一、集聚全球创新资源的机遇

国家对外开放深入推进。"一带一路"、自由贸易区等对外开放倡议或
战略提供了契机。"一带一路"建设作为我国扩大对外开放的重要举措和
经济外交的顶层设计,有助于浙江省依托开放程度高、经济实力强的优势,
提升与其他国家和地区合作层次,进一步增强集聚全球创新资源的能力。
加强自贸区战略是我国新一轮对外开放的重要内容,是新时期我国实施更
加积极主动的对外政策的重要平台。浙江自贸区作为自贸区战略中的重
要一环,十九大提出的"赋予自由贸易试验区更大改革自主权"以及国家层
面专门出台的《国务院关于支持中国(浙江)自由贸易试验区油气全产业链
开放发展若干措施》都为浙江自贸试验区建设提供了有力的制度保障。

浙江省经济社会快速发展。2019 年,浙江省生产总值突破 6 万亿元、
增长 6.8%,一般公共预算收入增长 6.8%,城乡居民收入分别增长 8.3%、
9.4%,经济社会发展再上新台阶。科技新政、人才新政的扎实推进促进了
浙江省新旧动能转换,2019 年研发投入增长 14%,新增发明专利 3.4 万

件,新增两院院士 7 名,11 个设区市全部实现人才净流入。社会治理水平不断提高,首个通过国家生态省验收,41 件个人和企业全生命周期事项实现"一件事"全流程办理。这为全球人才、资本、技术等资源的集聚营造了良好的创新生态环境,提高了自身吸引力。

以"互联网＋"等为主导的产业蓬勃发展。随着移动互联网、大数据、云计算、物联网与人工智能等新技术的发展,以"跨界融合、连接一切"为特质的"互联网＋"进入快速发展的时代,浙江省较早启动、布局以互联网为核心的数字经济,相关产业发展势头强劲。2014—2018 年,浙江省数字经济总量从 10940 亿元增长至 23346 亿元。2019 年,浙江省数字经济核心产业增加值增长 15％,占地区生产总值比重 10％。阿里巴巴、海康威视、新华三等一大批互联网行业领军企业也正在崛起,其中阿里巴巴于 2019 年入围世界 500 强。

长三角一体化战略全面实施。长三角一体化是集聚与辐射相辅相成的一体化,既着力提升长三角集聚全球资源要素的能力,在更大范围吸引资金、技术和人才;更着力增强辐射带动的能力,使更广大地区都能通过长三角的平台通道,更好地代表国家参与国际合作和竞争。2018 年,长三角区域一体化发展上升为国家战略,标志着长三角区域进入一个新的历史阶段,为浙江新一轮发展创造了重大机遇。通过区域内更高层次对外开放,浙江能在更大范围、更高层次上参与国际合作和集聚配置要素资源,进一步提升发展能级。

二、集聚全球创新资源的挑战

引进国际创新资源的过程中也存在一些挑战,较为突出的包括科技创新平台数量少且能级低、产业基础薄弱、外部环境不稳定等。

原有的科技创新平台量少,能级不够,高层次人才难以集聚。一直以来,浙江省名校大院数量偏少,原有的科技创新平台量少且多依托大学或科研院所建设,面临着重大原创性成果缺乏、行业支撑性不足、创新协同性不高等问题。从大科学装置来看,浙江仅有 1 项国字号大科学装置,而北京、上海、广东、安徽、江苏分别有 29、14、10、4 和 2 个。从国家重点实验室来看,浙江共有 15 个,与上海(44 个)、江苏(29 个)、广东(28个)差距巨大。高能级科技创新平台的匮乏导致浙江对高层次创新人才队伍的凝聚力不够,对重大项目的承载力不够,对多元化资金的吸引力不足。

产业基础相对薄弱,创新能力不足。浙江传统产业大多仍处于全球价值链中低端,产品附加值低,同质化严重,产业群内部往往出现产业链上下游脱节,致使产业上下游发展不平衡。尽管近年来高新技术产业快速发展,但是科技型企业总体规模相对较小,研发能力相对薄弱,具有全国或国际影响力的企业还不多,截至 2020 年,浙江高新技术企业数量只有广东的 41%、江苏的 68%,高新技术产业产值更是落后于广东、江苏等省份。

外部环境不确定性日渐增强。随着中美经贸摩擦升级、新冠肺炎疫情暴发等一系列重大事件的发生,当前浙江面临的国际国内发展环境日益复杂。从国际环境来看,世界经济和贸易增速 7 年来最低,国际金融市场波动加剧,地区和全球性挑战突发多发;从国内环境来看,结构性问题突出,风险隐患显现,经济下行压力加大。在这些背景下,国际合作难度加大,资源引进面临需求不足、人才不足、资金缺乏、技术壁垒等障碍。

第四节　集聚全球创新资源参与国际科技合作的基本思路

在全球创新资源加速流动的背景下,浙江应充分发挥 21 世纪海上丝绸之路东部沿海节点的区位优势,加快推进与沿线国家的科技创新合作,建立国际创新要素双向互动机制。以全球视野谋划和推动科技创新,坚持"引进来"和"走出去"相结合,在更大范围、更高层次参与全球竞争和区域合作,推动形成深度融合的开放创新局面。

一、指导思想

高举中国特色社会主义伟大旗帜,以邓小平理论、"三个代表"重要思想、科学发展观为指导,深入贯彻习近平总书记系列重要讲话精神,以"四个全面"战略布局为统领,以省委、省政府提出的"八八战略"为总纲,全面落实"创新、协调、绿色、开放、共享"五大发展理念,牢固树立创新强省、开放强省、人才强省工作导向,坚持以全球视野谋划和推动科技创新,优化区域创新生态,激发创新主体活力,增强创新策源能力,集聚全球优质创新要素,打造全方位开放创新新格局,使浙江在国际交往中成为若干重要领域的引领者和重要规则的贡献者,不断提升国际核心竞争力与话语权。

二、基本原则

坚持目标引领,双轮驱动。围绕汇聚全球创新资源核心目标,统筹科技创新和体制机制创新,着力解决如何汇聚、从哪里汇聚、动力哪里来等问题。

坚持人才为要,激发活力。立足提升对全球人才的吸引力,以信任为前提,以激励为重点,深化"放管服"改革,促进人才合理流动、优化配置。

坚持系统推进,重点突破。加强科技体制机制改革的系统设计,加强与经济社会领域改革的协同,加大人才引进、项目合作、平台搭建等关键环节的突破力度。

坚持全球视野、扩大开放。面向全球、面向未来,以更加开放的胸怀和前瞻性的视野,积极主动融入全球创新网络,在更广领域、更大范围、更高层次集聚配置创新资源和要素,推动建立广泛的创新共同体,开创多层次国际创新合作新局面。

三、重点任务

一是引进一批海外高端人才团队。以重大人才工程、重大人才平台建设为抓手,围绕重点产业、重点领域、重点项目,在数字经济、生命健康、节能环保、高端装备制造、新材料等领域大力引进培育一批高水平科学家、科技领军人才、工程师和创新团队。重点引进"高精尖缺"海外人才,柔性聘请海外科学家、工程师来浙江开展科学研究,为企业提供技术咨询与服务。

二是支持一批国际重大研发项目。参与和组织国际重大研发项目有利于面向全球吸引和集聚高端人才,带动我国科技创新由跟跑为主向并跑和领跑为主转变。推进与加拿大、芬兰、捷克、葡萄牙、以色列等国的联合研究计划,加强在海洋科技、清洁技术、再生能源、智慧物流等领域的科技合作与交流。有序推进科技计划对外开放,鼓励和引导外资研发机构参与承担浙江科技计划项目,开展高附加值原创性研发活动。

三是建设一批海内外联合研发载体。利用海外科研基础条件加强国际科技合作,建立中外联合实验室和工程技术园区。鼓励民营科技企业设立海外研发中心、双向互动的国际科技园或孵化器。

四是支持一批领军型企业参与国际研发合作。鼓励阿里巴巴等科技领军型企业通过设立共同基金等方式,吸引国际知名科研机构来浙江联合组建国际科技中心。支持浙江企业面向全球布局创新网络,积极参与新兴产业国际规划和技术标准制定,争取话语权。

第五节　集聚全球创新资源参与国际科技合作的对策建议

一、大力汇聚海外人才

明确人才引培的顶层设计。加强与海外人才机构的对接合作，面向全球开展全方位的高层次人才招引工作。围绕浙江省科研平台和产业发展需求，着力突破内外院士、学者、杰出青年等高端人才的引入门槛障碍，积极对接国内外创新团队、海外工程师引进计划等，主动开拓海外高科技孵化器、联络站、工作站等引才平台。建立重大项目的人才发掘机制，编制行业性的紧缺人才引育计划，主动以科研项目引人才、聚人才，推动人才引进方式从个体向团队转变。培育具有战略眼光、专注科技创新、懂得资本运作的新型企业管理人才队伍，培养一批服务型、实干型、高素质的科技管理人才。注重加强科研技能人才培训和高技能人才研修。结合需求紧缺程度，建立相应的培训和补贴机制。加大国际人才招引政策支持力度，推动国际人才认定、服务监管部门信息互换互认，提高国际人才综合服务水平。

打造共通共享科创人才高地。建设高层级的人才集聚平台，探索设立创新团队引入计划等创业园，建立统一规范、省市联动的人才服务体系。在上海、杭州等地设立产业技术研究院、专家工作站等，促进人才资源流通共享。打通区域间、体制间的人才充分共享和柔性流动通道，试行高端人才跨区公共服务及社会保障全项流通共享机制。

二、组建国际研发机构

建设国家级科技基础设施集群。对标全球主要科学中心和创新高地，谋划部署浙江 G60 国家科学中心，重点聚焦数字科创与生命健康领域的基础理论研究、核心关键技术创新,形成科创前端引领。面向重大科学问题、产业转型升级,主动设计、区域联合,在重点领域主动设计谋划创建 10个左右浙江省实验室,做强各国家、省级科研院所及其分支机构,培育创建国家科技创新基地"预备队"。支持新建一批以基础研究和应用基础研究为主的省级重点实验室。

共建共享具有全球影响力的科研平台。深化国内尤其是长三角地区的科创合作,联合国内外知名高校、世界一流的科研院所,吸引海内外顶尖实验室、科研机构、跨国公司设立科学实验室、研发中心、科技成果孵化基地,鼓励合作设立联合实验室。推动重大科技基础设施、重点实验室开放共享,积极共建科技园、科创飞地、技术合作平台等,打造若干科技创新技术联盟,探索组建实验室联盟,打造协同创新共同体,推进科创资源深度互动、全面融通。

强化专业化特色化科创研发基地。聚焦世界前沿性、变革性、交叉性基础研究和技术研发,重点在数字经济、生命科学、新能源、新材料等专业领域建设一批科研基地,共同突破一批重大科学难题和科技瓶颈。

三、积极参与国际科技合作

建设多层次、多类型的国际合作局面。利用长三角城市群的战略优势,与海外研发机构和全球 500 强企业共建联合实验室和研发基地,鼓励支持企业建立海外研发中心。支持海外研发机构和科学家与杭州机构联合申报杭州科技计划项目。试点优化科研人员出国审批流程,加快办理进度,提高科研人员参与国际合作交流的便利性。

高水平推进对外交流与合作。谋划杭州国际组织和总部经济集聚区,探索研究落户优惠待遇政策,吸引一批国际组织、总部企业入驻。在"一带一路"建设框架下开展合规经营、开拓内地市场,使杭州能在"走出去"和"引进来"两方面都发挥重要作用。积极与相关国家和地区及经济体商签自由贸易协议及双重课税宽免安排。

四、聚力发起和参与国际大科学计划

聚焦重点领域实施大科学计划。积极参与,前瞻布局,合理规划,提高我国重大科技基础设施的紧密合作度,依托我国现有的大科学重点实验室,围绕计算机科学、光子科学与技术、生命科学、类脑智能、能源科技、纳米科技等前沿领域,形成国际核心科研体系,突破重大科学难题。

建立大科学装置共建共享机制,完善投入管理机制。随着大科学装置建设规模越来越大,单独一个机构或国家可能难以支撑如此庞大的财力和技术需求,应建立新的投资基金模式,吸引各国政府和科研机构的共同投入,加强能力建设,鼓励企业和社会的加入,优化合作体系,吸引更多国家重大科学研究合作项目、大科学工程、重大科技计划。

五、联合集聚国际创新资源

以我为主,整合海外创新资源。鼓励国家内优秀科技企业面向海外市场建设一批新型研发机构,鼓励龙头科技组织牵头共建海外研发中心,着力于提升尖端科技水平与国际话语权,帮助国内有实力有条件的企业或组织共建海外实验中心,创办海外科技园区,吸纳海外创新资源。

精准合作,吸纳国际创新资源。瞄准国内不同地区的发展需求,精准寻求海外创新资源,吸引各类海外知名大学、创新企业、研发机构在我国的合办,开放多元化合作渠道,扩大科技的对外开放,贯彻落实"科学无国界"的思想,促进科技的双向流动。

第六章　构建长三角区域人才
　　　一体化的新格局

当今世界,大国竞争的重点领域是世界级城市群之间的竞争,表面看是经济竞争、科技竞争,实质上则是人才驱动力的竞争。长三角地区是我国经济活力最强、开放程度最高、创新能力最好的区域之一,2020 年区域经济总量达到 24 万亿元,人口 2.35 亿,人均 GDP 超过 10 万元。区域内创新资源集聚,高校在全国占比 18%,国家工程研究中心和工程实验室等创新平台 300 多家,年研发经费支出和有效发明专利数均占全国 30%。人才是创新发展的第一资源,相较于美国东北部大西洋沿岸、日本太平洋沿岸、欧洲西北部等世界级城市群而言,长三角地区尚未形成统一开放的人才市场体系,必须加快推进人才一体化发展,合力打造更具国际竞争力的人才发展环境。

第一节　新理念引领长三角人才一体化

推进长三角人才一体化发展是落实习近平总书记重要论述的必然要求。习近平总书记在浙江工作期间就高度重视长三角人才一体化,在 2003 年召开的浙江省第一次人才工作会议上强调"要抓住长三角地区正日益成为国内外人才集聚地的历史性机遇,把推进人才合作与交流放在突出位置,依托上海这个对内对外开放的重要窗口,积极推进区域内人才的自由流动",这一论述为长三角人才一体化指明了方向,奠定了基础。2018年,习近平总书记在首届中国国际进口博览会开幕式上宣布"支持长江三角洲区域一体化发展并上升为国家战略",要求在更高起点上推动更高质量一体化发展。长三角人才一体化发展是长三角高质量一体化发展的应有之义和重要保障。

一、长三角一体化是改革开放重要布局

1. 从全球看是大势所趋

城市群是城市发展到成熟阶段的最高空间组织形式,主要是指在特定地域范围内以 1 个或更多特大城市为核心,由至少 3 个以上大城市为构成单元,依托发达的交通通信等基础设施网络所形成的空间组织紧凑、经济联系紧密,并最终实现高度同城化和高度一体化的城市群体。目前,国际上公认的世界级城市群有 5 个,分别是美国东北部大西洋沿岸城市群、北美五大湖城市群、日本太平洋沿岸城市群、英伦城市群、欧洲西北部城市群。城市群已成为世界经济重心转移的重要承载体,决定着未来世界政治经济发展的格局。从第一次工业革命以来,世界经济重心不断从英国→整个欧洲大陆→北美→日本的路径转移,而世界核心城市群也沿着大巴黎地区→波士顿→纽约→华盛顿城市群、以芝加哥为中心的五大湖沿岸城市群→日本太平洋沿岸城市群转移。进入 21 世纪,世界经济重心继续转向亚太地区,中国超级大城市群崛起乃大势所趋,长三角尤其处于首发地位,承接的是世界经济重心转移,将会成为全球第六大城市群。

长三角城市群是我国综合实力最强、一体化程度最高的城市群。经过多年快速发展,长三角城市群在以下四个方面与世界级城市群的差距正在逐渐缩小。其一是一体化的空间结构,是加速城市群一体化发展的重要支撑。NOAA 发布的 2008 年至 2017 年长三角灯光亮度图显示,长三角城

市群"一核五圈四带"的空间结构日益清晰。过去,长三角地区夜间灯光以点状分布为主,上海、南京、杭州等城市周边形成较亮光点,其他中小城市则稀疏点缀其间。目前,合肥—南京—上海—杭州—宁波组成的"Z"字形轮廓愈发清晰,除新规划进入的合肥城市圈,其他城市圈均已由点串联成面,一个超大规模的城市群逐步显现。其二是一体化的联动发展体系,是推动城市群协同、协调发展的重要基础。随着城市群内各类交通基础设施建设的稳步推进,各城市间的联系日益频繁,并在更多领域显现。非春运期间人口迁徙数据表明,沪、宁、杭、合等区域内核心城市的外来人口主要来自长三角内其他的中小城市,同时上海的人口也大量向周边城镇流动,间接表明这一地区各城市间的互动合作非常频繁。此外,各省市间的文化交流、医疗合作、生态环境共抓共治等多领域的合作成果也不断涌现。其三是一体化的城市职能分工体系,是实现城市群融合发展和高质量发展的根本所在。目前,长三角城市群已进入了差异化竞争的崭新阶段,各城市的产业特色十分明显,部分城市的产业实力较为雄厚,形成各具特色的产业体系。比如:上海以金融、批发和零售、汽车制造等产业为主;南京以文化、旅游、节能环保等产业为主;杭州以电子商务、文创产业和信息服务业为主;合肥以汽车及零部件、装备制造、家用电器和电子信息等产业为主。其四是一体化的公共服务体系,是实现城市群充分、平衡发展的主要手段。随着先进制造业和现代服务业快速发展,长三角城市群的城镇居民生活方式日益智能化与现代化,绿色低碳的能源、交通、市政基础设施和公共服务等民生领域智慧化程度快速提高,不断满足城镇居民个性化需求的定制化服务也应运而生,极大提高了人民群众的生活质量。

2. 从国内看是中央确定的重大战略

城市群是引领我国经济转型发展的"主引擎"、创新发展的"主阵地"。党的十八大以来,中央高度重视区域协调发展战略。在新形势下促进区域协调发展,要按照客观经济规律调整完善区域政策体系,发挥各地区比较优势,促进各类要素合理流动和高效集聚,增强创新发展动力,加快构建高质量发展的动力系统,增强中心城市和城市群等经济发展优势区域的经济和人口承载能力,形成优势互补、高质量发展的区域经济布局。我国经济由高速增长阶段转向高质量发展阶段,对区域协调发展提出了新的要求。不能简单要求各地区在经济发展上达到同一水平,而是要根据各地区的条件,走合理分工、优化发展的路子。要形成几个能够带动全国高质量发展的新动力源,特别是京津冀、长三角、珠三角三大地区,以及一些重要城市群。

2013 年,我国经济进入"新常态",经济增速不断放缓、产业结构不断调整、前期刺激政策不断消化,但经济发展依旧面临着诸多挑战。一是由高速增长转向高质量发展,能否跨越中等收入陷阱?我国经济增长不断从高速增长转向中高速增长,但这并不意味着我国经济衰退。更多的是,我国经济需要转变增长动力机制,从要素驱动、投资驱动转向创新驱动、效率驱动,实现高质量发展,迈过中等收入陷阱。二是人口红利逐渐消失,人才红利如何发挥?改革开放 40 多年来,我国依靠着充裕的劳动力资源实现经济高速增长。但随着经济不断发展、收入日益提高,人口红利不断消失。要实现创新驱动发展,首要依靠的是人才,人才红利如何发挥成为我国经济转型升级的关键一招。三是经济增长与环境污染脱钩,绿色发展如何实现?绿水青山就是金山银山,实现经济增长与环境污染脱钩,实现绿色发展,是我国经济高质量发展的内在要求。同时,如何将生态资源转换为经济资源,也是绿色发展的必然趋势。四是中美贸易摩擦扩展至金融、科技领域,发展新优势如何培育?新一轮的中美贸易摩擦已经从贸易领域,蔓延到金融领域、科技领域,美国的目的在于遏制我国快速发展,培育新优势成为我国应对贸易摩擦的关键所在。

基于上述背景,长三角一体化对于推动我国经济高质量发展具有重要战略意义。对于长三角而言,一体化主要在《长三角地区一体化发展三年行动计划(2018—2020 年)》和《长江三角洲区域一体化发展规划纲要》的指引下,积极推进各个领域一体化发展步伐,重点要在地理边界上互联互通,行政边界上协同合作,动能转换中推进项目,创新发展中集聚人才,充分释放市场活力、改革动力和要素潜力,包括以基础设施互联互通打破地理边界、以有效合作机制打破行政边界、以强化重点项目建设推动新旧动能转换、以优质人才集聚打造创新高地。到 2025 年,长三角一体化发展取得实质性进展。到 2035 年,长三角一体化发展达到较高水平,成为最具影响力和带动力的强劲活跃增长极。

3. 从自身看是区域发展的内在要求

长三角是我国对内对外开放两个扇面的关键枢纽,肩负着对内带动中西部地区发展、对外参与全球合作竞争的双重任务,必须以一体化的创新突破,更好地服务全国发展大局。

一方面,长三角区域合作基础好,是最有条件实现一体化的区域。在我国经济版图中,长三角可谓实力强大、地位特殊。沪浙苏皖一市三省地域面积 35.9 万平方公里,常住人口 2.2 亿,分别占到全国的 1/26 和 1/6,经济总量占全国的近 1/4,长三角城市群已跻身国际公认的六大世界级城市群。作为我国经济最具活力、开放程度最高、创新能力最强、吸纳外来人口最多的区域之一,长三角还是"一带一路"与长江经济带的重要交汇地带,在国家现代化建设大局和全方位开放格局中具有举足轻重的战略地位。长三角还是我国区域一体化起步最早、基础最好、程度最高的地区,习近平总书记在浙江、上海工作期间,就高度重视长三角一体化发展,担任总书记后又多次做出重要指示。2014 年 5 月份,习近平总书记在上海考察时,强调继续完善长三角地区合作协调机制,加强专题合作,拓展合作内容,加强区域规划衔接和前瞻性研究,努力促进长三角地区率先发展、一体化发展。从长期来看,一体化的长三角是国家参与国际竞争并走向舞台中心的主要平台,一体化的长三角是支撑中华民族伟大复兴的基础柱石。从短期来看,长三角一体化对中国经济社会发展具有重要意义和关键作用。

另一方面,长三角发展也面临着"成长的烦恼",急需通过一体化发展实现跃迁。2008年至2020年,长三角一市三省的经济总量不断提高,产业结构不断调整,但经济增长速度正在放缓,意味着一市三省也进入新常态时期,发展理念需要转变,从高速增长转向高质量发展。与此同时,长三角一市三省的用地面积不断减小,开发强度趋近红线,但用地价格不断上升,生态绿色约束突出。尤其是上海,能够开发的土地面积不断减少,但土地价格居高不下,一直处于高位运行的状态。在此背景下,需要通过一体化的体制机制创新,在一市三省区域内进行资源优化配置,以此来达到高质量发展的目标。一体化发展有利于推动长三角地区打破行政藩篱,发挥一市三省比较优势,加快要素自由流动,建设统一开放的市场体系,系统集成全面深化改革成果,强化跨区域共建共享共保共治,进一步提升整体实力和综合竞争力。

二、推进长三角人才一体化的重要意义

长三角地区是我国经济发展最活跃、开放程度最高、创新能力最强的区域之一,也是人才智力最密集、人才活力最强劲、人才流动最顺畅的区域之一。推进人才一体化发展,具有良好的经济基础、社会基础、文化基础和工作基础,也是进一步优化区域人才发展生态、高水平参与国际人才竞争的内在要求。总的来说,推进长三角人才一体化的重要意义可归纳为以下四点。

第一,推进长三角人才一体化发展是落实习近平总书记重要论述的必然要求。习近平总书记主政浙江期间就高度重视长三角人才一体化,在2003年召开的浙江省第一次人才工作会议上强调"要抓住长三角地区正日益成为国内外人才集聚地的历史性机遇,把推进人才合作与交流放在突出位置,依托上海这个对内对外开放的重要窗口,积极推进区域内人才的

自由流动"，为长三角人才一体化指明了方向，奠定了基础。2018年，习近平总书记在首届中国国际进口博览会上宣布支持长三角一体化发展并上升为国家战略，要求在更高起点上推动更高质量一体化发展。长三角人才一体化发展是长三角高质量一体化发展的应有之义和重要保障。

第二，推进长三角人才一体化发展是赢得国际人才竞争战略主动的必由之路。当今世界，大国竞争的重点领域是世界级城市群之间的竞争，表面看是经济竞争、科技竞争，实质上是人才驱动力、制度驱动力的竞争。相较美国东北部大西洋沿岸、日本太平洋沿岸、欧洲西北部等世界级城市群而言，长三角地区尚未形成统一开放的人才市场体系，必须加快推进一体化发展，合力打造更具国际竞争力的人才发展环境。

第三，推进长三角人才一体化发展是促进区域人才资源高效配置的重要保障。当前，由市场驱动的长三角区域间人才流动已经常态化，但体制障碍、服务分割等问题的存在导致区域间人才流动的制度性成本较高，影响了人才资源的配置效率和发展绩效。《长江三角洲区域一体化发展规划纲要》明确，要共建统一开放的人力资源市场，促进人力资源特别是高层次人才在区域间有效流动和优化配置，加强长三角人力资源协作，建立统一的人才一体化评价和互认体系，强化信息共享、政策协调、制度衔接和服务贯通。

第四，推进长三角人才一体化发展是提升区域人才发展治理整体水平的现实需要。由于产业结构的同质化，长三角各地在人才需求结构上趋同，各地在人才发展策略上相互博弈，难以着眼长远、开展系统治理，影响人才流动秩序。推进区域人才工作治理体系和治理能力现代化，迫切需要推进区域人才协同发展，着力解决当前人才竞争无序等问题，提升长三角人才发展的整体水平。

三、以五大理念引领长三角人才一体化

1. 创新发展引领高层次人才集聚

长三角一体化建设要敢于创新,以制度创新与科技创新为核心,推动一体化发展战略。在制度创新方面,要建立先行先试的示范区,在人才引进制度、户籍制度、社保制度、土地制度等方面积极探索如何深化改革,完善市场经济制度,发挥市场配置资源的决定性作用。在科技创新方面,鼓励区域内企业与高校科研院所形成紧密的合作机制,成立科学研究的协同创新中心;成立跨区域的产业发展的引导基金,拓宽中小高新技术企业的融资渠道。创新发展需要创新人才导入,需要长三角地区联合发展促使创新人才集聚,引领着长三角人才一体化。

2. 协调发展引领人才跨区域流动

协调发展的理念是一体化战略的内核与要义,要以利益为纽带,梳理并化解矛盾,整合力量,形成区域一体化发展的自觉力量,而区域一体化也能够促进人才更好地在长三角地区自由流动。长三角地区还存在着地区差别与城乡差别,必须补齐地区经济发展短板、农村经济发展短板,以地区之间、城乡之间的协调发展推进长三角一体化战略。要协调好区域合作关系,摸索出区域合作的常态化协调机制,在产业布局、生态保护、卫生防疫、防洪治水、减排治污等方面搞好地区之间的通力合作。在人才方面,长三角也呈现出不平衡不均衡的状态,协调发展有助于长三角人才自由流动,而人才流动也促使长三角协调发展,两者相辅相成、互为因果。

3. 开放发展引领国际化人才流入

跳出长三角发展长三角,长三角人才引进应当具有国际视野。长三角地区要建成更高水平的开放经济体,必须打破传统的低劳动力成本和低生态成本参与全球价值链活动的低端模式,以发展核心技术、关键环节的方

式嵌入全球价值链体系。要以"一带一路"建设为契机,与沿线国家开展园区建设与产能合作,实现全产业链产能的输出。推进长三角一体化,不仅要鼓励对外开放,加入世界经济大循环,还要提高对内开放水平,打破行政分割所带来的市场分割,构建起统一、开放、竞争有序的市场体系,形成有利于不同市场主体公平竞争的区域市场环境。开放发展不仅要求国际产业进驻,更能够带动国际高层次人才流入,从而带动先进项目回归,以人才为核心牵引产业高质量发展。

4. 共享发展引领人才服务一体化

公共服务完善为人才引进提供基础,而共享发展是长三角公共服务均等化的重要路径。人才一体化需要服务共享,从而为人才要素自由流动奠定基础。共建共享是长三角区域一体化发展的根本动力,参与的各方可以分享合作所带来的各种红利。在更高水平上实现全体社会成员分享经济社会发展成果,这也是长三角区域一体化发展的目的。这就要求区域内三省一市在基础设施、环境治理、生态保护等各个方面实现共建共享,并积极探索就业、教育、医疗、社保等公共服务方面的共享机制,这些条件的成熟都为长三角人才一体化提供了条件。

5. 绿色发展引领健全产城人关系

绿水青山就是金山银山,产城人融合发展是绿色发展的题中之意,也是"绿水青山就是金山银山"理念的重要内涵。推进长三角区域经济一体化,必须打破传统发展模式,不能再依赖于牺牲生态环境为代价谋求发展;必须高度重视生态文明建设,在区域一体化发展的进程中科学处理好人口、资源、环境之间的关系,形成高质量可持续发展;必须加大减排治污力度,三省一市要统一加强对长江流域的规划治理,走绿色产业发展之路,也构建起更为和谐的产城人关系。与此同时,绿色发展也需要专业化人才来导入新理念、开辟新模式,从而打通绿水青山转化为金山银山的转换通道。

第二节　长三角人才一体化建设的现状

一、长三角地区人才资源丰富

总览长三角地区三省一市的人才资源情况,可以发现,江苏、浙江、上海三省市的人才资源稳步增加,江苏的人才资源止跌回升。根据历次人口普查及小普查数据,2000 年时江苏省 65 岁及以上常住人口老年人占比为 8.84％,2010 年上升到 10.88％,2020 年进一步上升到 16.20％,劳动年龄人口群体的萎缩,老龄人口比重的增加,可能是从业人员占比及人才群体规模下降的一大原因。截至 2019 年,长三角地区共计 R&D 人员 216.7 万人,约占全国的 1/3,创新人才充足。其中,上海、江苏、浙江和安徽 R&D 人员分别为 29.33 万人、89.77 万人、71.37 万人和 26.25 万人。

二、人才一体化政策初步建立

早在 2003 年,沪苏浙三地 19 市发表了《长江三角洲人才开发一体化共同宣言》,明确了实现区域内人才自由流动的主要任务和合作领域。2018 年,沪苏浙皖共同签署《三省一市人才服务战略合作框架协议》和《人才服务项目合作协议》,推进实施"人才服务协同计划""人才流动合作计划""人才发展推动计划"三大行动。2019 年底长三角生态绿色一体化发展示范区正式建立,位于两省一市交界处,包括上海青浦区、江苏吴江区、浙江嘉善县。同时,苏浙沪三地抽调干部组成示范区执行委员会,目前已从 35 人增至 47 人。此外,长三角三省一市探索实施干部互派挂职制度,目前,浙江已有 5 名干部在上海青浦区(3 人)、临港新片区(2 人)挂职,江苏和安徽分别有 5 名和 7 名干部在上海挂职,上海有 5 名干部在浙江挂职。

三、长三角地区人才流动加速

当前长三角经济社会发展正处于从量向质飞跃的重要转型时期,区域内具备很好的人才和科研基础,也是我国人才密集度最高、人才储备丰富、人才吸附力强、需求旺盛、流动率最快、竞争最激烈的区域之一。《中国流动人口发展报告》显示,长三角城市群流动人口以跨省流动为主,占整体流动人口的 83.18%。其中,新生代在长三角城市群流动人口的比例已超过 60%。2019 年以来,长三角各地也不断升级引才政策,持续优化人才发展生态,各地区中高端人才均实现净流入。根据《中国城市人才吸引力排名》报告,杭州 2017—2020 年人才净流入占比分别为 1.0%、1.2%、1.4%、1.6%,始终为正且逐年攀升,南京 2017—2020 年人才净流入占比分别为 0.9%、0.9%、0.9%、0.9%,始终为正且比较稳定,上海 2020 年人才净流入占比为 1.2%。

四、长三角公共服务提质增效

2018 年以来,浙江与苏、皖、沪共同签署了《三省一市人才服务战略合作框架协议》《长三角人才一体化发展城市联盟章程》等协议,凝聚人才一体化发展共识,协同推进人才发展体制机制改革,共同培育人才一体化发展市场,协同确立长三角区域在全球人才竞争中的比较优势。同时,公共服务、医疗卫生、社会保障、城市生活等重要领域全面应用对接的良好局面,为长三角人才一体化向更高水平发展增加新动能。譬如,长三角地区41 个城市实现医保"一卡通",为长三角人才一体化打下了扎实的基础。

五、人才一体化迈入新的阶段

各地方深化长三角人才一体化发展区域合作机制,成效显著,当前人才一体化正迈入新的阶段。在人才区域合作方面,各地探索在科教资源集中地、高端人才集聚区建立"人才飞地",就地吸引使用人才,充分发挥人才作用。譬如,浙江省温州市与上海市嘉定区合作,在嘉定设立"科技创新(研发)园",在温州设立"先进制造业深度融合发展示范区(嘉定工业区温州园)",将上海的科创资源与温州的先进制造业优势有机结合。在人才分布方面,也呈现"一极核多中心"格局。根据《中国城市人才吸引力排名》报告,上海连续 3 年成为最具人才吸引力城市。2020 年,长三角、珠三角、京津冀、成渝、长江中游城市群人才净流入占比分别为 6.4%、3.8%、－0.7%、0.1%、－1.2%,长三角和珠三角成为对人才吸引力最大的城市群。

第三节　长三角人才一体化的现行政策

一、三省一市加强人才领域合作交流

建立一体化人才保障服务标准,实行人才评价标准互认制度,允许地方高校按照国家有关规定自主开展人才引进和职称评定。制定相对统一的人才流动、吸引、创业等政策,构建公平竞争的人才发展环境。实施有针对性的项目和计划,帮助高校毕业生、农民工、退役军人等重点群体就业创业。联合开展大规模职业技能培训,提高劳动者就业创业能力。加强劳动保障监察协作,强化劳动人事争议协同处理,建立拖欠农民工工资"黑名单"共享和联动惩戒机制。成立区域公共创业服务联盟,开展长三角创新创业大赛,打造公共创业服务品牌。推动市级层面开展"双结对"合作,共促创业型城市(区)建设。

完善国际人才引进政策。加大国际人才招引政策支持力度,大力引进海外人才,提升国际高端要素集聚能力。推动国际人才认定、服务监管部门信息互换互认,确保政策执行一致性。总结推广张江国家自主创新示范

区国际人才试验区经验,稳步开展外国人永久居留、外国人来华工作许可、出入境便利服务、留学生就业等政策试点。推进国际社区建设,完善国际学校、国际医院等配套公共服务,提高国际人才综合服务水平。

共建统一开放人力资源市场。加强人力资源协作,推动人力资源、就业岗位信息共享和服务政策有机衔接、整合发布,联合开展就业洽谈会和专场招聘会,促进人力资源特别是高层次人才在区域间有效流动和优化配置。加强面向高层次人才的协同管理,探索建立户口不迁、关系不转、身份不变、双向选择、能出能进的人才柔性流动机制。联合开展人力资源职业技术培训,推动人才资源互认共享。

实行人员从业自由。放宽现代服务业高端人才从业限制,在人员出入境、外籍人才永久居留等方面实施更加开放便利的政策措施。建立外国人在区内工作许可制度和人才签证制度,提高外籍高端人才参与创新创业的出入境和停居留便利化程度。为外籍人才申请永久居留提供便利。探索实施外籍人员配额管理制度,为区内注册企业急需的外国人才提供更加便利的服务。

二、上海发挥龙头带动作用吸引人才

共同营造良好就业创业环境。制定相对统一的人才流动、吸引、创业等政策,完善长三角高校毕业生就业、参保等信息共享机制,联合制定针对性项目和计划,帮助促进重点群体就业创业。成立区域公共创业服务联盟,推动公共创业服务资源共享,开展长三角创新创业大赛,共推创业型城区(城市)建设。加强紧缺急需技能人才培养,推进技能人才培养评价和培训实训资源共享,协同开展大规模职业技能培训。深化劳动保障监察跨区域协查制度、劳动者工资支付异地救济制度,制定协同处理劳动人事争议案件的指导意见。加强欠薪治理,建立拖欠农民工工资"黑名单"共享和联动惩戒机制。

在互动合作中扩大优质教育资源供给。联合开发长三角教育现代化指标体系,协同开展监测评估应用,推动率先实现区域教育现代化。发挥长三角研究型大学联盟等平台作用,鼓励大学大院大所开展跨区域全面合作,推进校校、校企协同创新,联手打造具有国际影响力的一流大学和一流学科。推进校长和教师联合培训、交流合作,鼓励上海一流大学、科研院所面向长三角设立分支机构,鼓励上海学校开展跨区域牵手帮扶。推进区域开放教育和社区(老年)教育联动发展。加强与国际知名高校合作办学,强化长三角国际化人才服务。统筹区域职业教育院校和专业布局,做大做强联合职业教育集团。探索教育人才评价标准互认机制。

实行人员从业自由。推动建立外国人在区内工作许可制度和人才签证制度。制定完善海外人才引进政策和管理办法。研究制定境外专业人才执业备案管理办法。创新国内外高端人才服务机制,集聚便利化出入境相关机构和服务窗口,完善长三角企业海外人才互通机制,建成虹桥国际人才港。对标国际水准,全面提升商务区绿色建设和生态运行标准。

三、江苏以产业为基础加强人才引进

营造协同创新生态环境。积极配合国家实施覆盖长三角全域的全面创新改革试验方案,抓紧研究制定江苏省配套政策措施。参与国家建立一体化人才保障服务标准,实行人才评价标准互认制度,争取地方高校按照国家有关规定自主开展人才引进和职称评定。建立严格的知识产权保护制度,加大侵权违法行为联合惩治力度,协同开展执法监管。鼓励设立各类产业投资、创业投资、股权投资、科技创新、科技成果转化引导基金。支持高成长创新企业到科创板上市融资。鼓励支持众创空间、孵化器建设,举办创新创业大赛、要素对接大会等科技合作交流活动,不断优化创新创业环境。

营造良好就业创业环境。制定相对统一的人才流动、吸引、创业等政

策,构建公平竞争的人才发展环境。实施有针对性的项目和计划,帮助高校毕业生、退役军人、农民工等重点群体就业创业。联合开展大规模职业技能培训,提高劳动者就业创业能力。加强劳动保障监察协作,强化劳动人事争议协同处理,建立拖欠农民工工资"黑名单"共享和联动惩戒机制。共同成立区域公共创业就业联盟,合力打造公共创业服务品牌。完善国际人才引进政策,按程序报请开展外国人永久居留、外国人来华工作许可、出入境便利服务、留学生就业等政策试点。推进国际社区建设,完善国际学校、国际医院等配套公共服务,提高国际人才综合服务水平。

共建统一开放人力资源市场。推动人力资源、就业岗位信息共享和服务政策有机衔接、整合发布,联合开展就业洽谈会、专场招聘会。加强面向高层次人才的协同管理,建设G42沪宁沿线人才创新走廊,推动人才资源互认共享,完善户口不迁、关系不转、身份不变、双向选择、能出能进的人才柔性流动机制,促进人力资源优化配置。加快以人为核心的综合配套改革,积极探索高质量新型城镇化路径,提高城市包容性,推进农业转移人口市民化。构建城乡居民统一的户籍登记制度。推进城镇常住人口基本公共服务均等化全覆盖。完善南京等特大城市的积分落户制度,进一步提升中心区其他城市人口聚集能力,全面放开Ⅱ型大城市、中小城市及建制镇落户限制,有序推动农村人口向城镇、特色小镇和中心村相对集中居住和创业发展。促进城乡人才、资本、技术等要素双向流动,建立健全返乡农民工创业就业的激励机制,鼓励和引导城市人才下乡创业兴业。

四、浙江优化创新环境鼓励人才创业

借鉴上海张江国家自主创新示范区国际人才试验区经验,加大对国际人才招引的政策支持,加快推进国际社区、外籍人员子女学校、国际医院建设,提升国际人才综合服务水平,增强国际高端要素集聚能力。

搭建人才信息云平台,定期向民营企业发布重点引才目录、产业人才地图。弘扬企业家精神和工匠精神,引导民营企业向"专、精、特、新"方向转型提升发展。支持民营企业在上海等地设立"飞地"孵化器,柔性引进高端创新人才。加强长三角人力资源协作,建立统一的人才一体化评价和互认体系,强化信息共享、政策协调、制度衔接和服务贯通,探索建立户口不迁、关系不转、身份不变、双向选择、能出能进的长三角人才柔性流动机制。建立健全人才引进、科技成果转移转化、知识产权保护、咨询评估等跨区域科技服务链条,营造国际一流创新创业生态环境。共同探索一体化要素流动政策,推行人才资质互认,实行与上海接轨的外国人就业管理制度、高层次人才福利政策等。

共同打造长三角区域面向全球的国际科创要素对接服务平台,构建一流创新创业生态环境。复制推广国家全面创新改革试验区经验,建立完善长三角科技资源共建共享和服务机制。支持龙头企业跨区域整合创新资源和研究力量,推动长三角创新要素跨区域流动共享。积极探索在上海等地共建"创新飞地",强化与省内孵化平台和产业化基地紧密联动,推动开展国际人才引进、国内人才居住落户、人才培训培养等领域创新试点,制定实施人才柔性引进政策。探索建立统一的区域性创新券服务平台,促进创新券在长三角区域更大范围通用通兑。

五、安徽多措并举加强人才队伍建设

完善科技成果转移转化机制。实施支持科技型初创企业发展等政策,探索建立科技成果限时转化机制,鼓励设立各类产业投资基金、股权投资基金、科技创新基金、科技成果转化引导基金,鼓励保险机构为科技成果转化应用提供保险服务,联合培养技术转移管理人员、技术经纪人、技术经理人等人才队伍,建立综合性国家科学中心及其他平台重要科技创新成果技术熟化、产业孵化、企业对接、成果落地的完整机制,常态化举办大院大所

对接活动、科技创新成果转化交易会等，大力支持科技成果在县域转化，开展科技成果应用示范和科技惠民工程。

加强国际人才引进。发挥合肥综合性国家科学中心和"全创改"试点省的聚才作用，积极引进国际高端人才，营造外国专家"来得了、待得住、用得好、流得动"良好引才氛围。完善国际人才引进政策。建立海外人才职称评审绿色通道，推广实施持永久居留身份证外籍高层次人才创办科技型企业改革，大力引进海内外高层次创新创业人才和团队，建设海归人才创新创业创造中心。积极复制推广张江国家自主创新示范区国际人才试验区经验，稳步开展外国人永久居留、外国人来华工作许可、出入境便利服务、留学生就业等政策试点。完善外国人才评价标准，推动长三角区域内国际人才认定、服务监管部门信息互换互认，保持政策执行一致性。提高国际人才综合服务水平。学习借鉴上海、南京、杭州、苏州等地国际社区建设经验，完善国际学校、国际医院等配套公共服务，依法保障在皖工作国际人才享有医疗、子女教育、住房、社会保障等基本公共服务。

打造长三角产教融合的职教共同体。调整优化职业院校及专业区域布局，错位培养技术技能人才，推进产教融合基地、标杆城市和企业建设。探索联合建立涵盖行业企业的职教集团，搭建职教一体化发展平台，办好安徽国际商务职教集团，努力打造长三角区域的"职教人才成长带"。

建设统一开放的人力资源市场。加强人力资源协作，促进人力资源特别是高层次人才在长三角地区自由流动和优化配置，弘扬科学家精神、工匠精神、劳模精神，构建公平竞争的人才发展环境。推动政策衔接信息共享。推动建立人力资源市场建设联席会议制度，整合就业和人才政策，联合举办具有品牌效应的人才交流洽谈会和人力资源招聘活动，探索举办网络洽谈会、招聘会。创新人才引进方式。实施新时代"江淮英才计划"，积极引进高层次人才和团队,鼓励在皖单位与沪苏浙有关单位联合成立长三角院士工作站。建立人才柔性流动机制,鼓励采取"双聘制"等方式开展人才合作,大力发展"星期天工程师""云端工程师"和"轨道人才"等人才共享模式。推动人才资格认证标准统一,逐步建立互认共享的人才评价和培养体系。促进重点就业群体就业创业。加强长三角劳务对接,促进高校毕业生、农村劳动力、化解过剩产能职工及其他特定群体就业,推进实施"创业江淮"行动计划。重点面向技能劳动者和创业者,持续组织开展"接您回家"系列活动。联合开展职业技能培训,大力推行订单式、定向定岗等培训模式,积极探索"互联网＋"职业技能培训。开展"名师带高徒"活动,评选一批"江淮杰出工匠"。加强劳动保障监察协作。完善工伤认定、劳动能力鉴定协作、劳动争议案例会商等机制,建立健全长三角打击欠薪联动协作机制。

第四节　长三角与珠三角人才政策对比分析

根据对长三角和珠三角两大区域科技创新人才引进与培养政策的对比,从中不难发现各地区的人才培养政策基本类同,但是在人才引进与使用激励的政策中,各地区之间又表现出多元化的特点及不同的力度。在人才政策现状分析中,我们主要从人才引进政策、人才激励政策、人才评价政策、成果转化政策和支持保障政策等5个方面进行对比分析。

一、充分重视外国人才引进

科技部在高端外国专家引才计划申报原则中规定:聚焦"高精尖缺"引才重点,引进具有重大原始创新能力的科学家,具有推动重大技术革新能力的科技领军人才,具有世界眼光和开拓能力的企业家,符合国家战略发展需要的人文社科专家。着力引进青年创新人才、创新团队和各类急需紧缺人才,使引进外国专家规模、层次结构与我国经济建设和社会发展要求相适应。坚持项目成果绩效导向,推进实施外国专家项目绩效评价,将评价结果作为项目经费持续支持的重要依据。项目类别包括战略科技发展类、产业技术创新类、社会与生态建设类和农村与乡村振兴类。各地根据这一原则制定了符合本区域特色的人才政策(见表6.1)。

表6.1　海外人才引进政策对比分析

地区	海外人才引进政策
广东 (除深圳)	(1)广东省实施"珠江人才计划",面向国外引进具有稳定合作基础的创新创业团队。分为技术研发产业化和应用基础研究两类。 (2)对入选的技术研发产业化类团队按三个档次给予1000万元至1亿元的资助。第一档次:世界一流,资助8000万元。第二档次:国内顶尖、世界先进,资助3000万～5000万元。第三档次:国内先进,资助1000万～2000万元。 (3)对入选的应用基础研究类团队定额资助2000万元。
江苏	(1)扩大人才对外开放,创新外国人才引进方式和使用机制,深入实施"外国人才智力引进工程",着力引进处于国际产业和科技发展前沿,具有世界眼光和深厚造诣、对华友好的各类优秀外国人才。研究制定国有企事业单位聘用外国人才的方法和认定标准。积极争取优秀外国留学生毕业后直接在苏创业就业试点。 (2)推进下放县级公安机关出入境管理机构外国人签证证件审批权,缩短审批期限。试点扩大外国人才R字签证(人才签证)范围,对符合条件的外国人才提供办理口岸签证、工作许可和长期居留许可的便利。完善海外高层次人才居住证制度,全面落实各项待遇。
深圳	(1)为营造有利于海外高层次人才来深创新创业的良好生活环境,对深圳市海外高层次人才享受的优惠奖励政策:A类人才可享受300万元的奖励补贴,B类人才可享受200万元的奖励补贴,C类人才可享受160万元的奖励补贴。 (2)在居留和出入境便利,落户、子女入学、配偶就业、税收、医疗、保险等方面,享有相应的优惠措施。

地区	海外人才引进政策
上海	(1)上海围绕国家重大战略和上海重点发展战略目标的人才需求,引进一批紧缺急需的海外高层次人才,在符合条件的企业、高等院校、科研院所、园区,建立 20～30 个市级海外高层次人才创新创业基地。将有关投融资、股权激励、成果转化等方面政策在人才基地先行先试,营造宽松环境,把基地建设成为海外高层次人才最能发挥作用、最能产生效益的"人才特区"。 (2)海外高层次创新人才具体分为重点实验室、重点创新项目、重点学科、重大工程重大项目、企业金融、航运等七大类。 (3)提供更加完善的特定生活待遇,主要包括居留和出入境落户、社会保险、住房通关、医疗保障、子女入学等方面。
浙江	(1)浙江省海外高层次人才引进计划是浙江省为贯彻落实《中央人才工作协调小组关于实施海外高层次人才引进计划的意见》精神,深入推进"创业富民、创新强省"总战略而实施的,主要设有创新人才长期项目、海鸥计划项目、创业人才项目、外专千人项目、"海外工程师"计划。 (2)引进的外国专家入选浙江省"海外工程师"计划,所聘企业上一年度内支付每位海外工程师的年薪在 50 万元(含)人民币以上的,每人最高不超过 60 万元,入选的外国专家,给予每次 10 万元生活补助。 (3)项目启动资金:按重点项目和一般项目两类标准及注册资金的到位情况,可分别申请最高不超过 600 万元和 300 万元的项目启动资金。 (4)安家补助:A 类人才,由评审专家组以"一事一议"的方式确定引进政策,最高可给予总额不超过 300 万元的安家费补助。B 类人才,提供人才公寓房 120 平方米,租金先缴后补,期限 3 年。C 类人才,提供人才公寓房 40 平方米,租金先缴后补,期限 3 年。

资料来源:浙江工商大学课题组:《浙江省及五地区科技创新人才引进培育现状分析》,2020 年 2 月。

从海外人才引进政策的力度看,广东省最强。浙江省应进一步加大海外人才引进力度,特别是奖励力度。

二、人才激励政策更加多元

科技人才创新创业激励政策旨在激发科技人才创新创业的内在动力,释放科技人才活力。目的是通过保障和增加科技人才收入及营造创新创业良好环境,激发科技人才创新创业积极性、主动性。涉及的内容包括工资制度、科技计划、经费管理、科技成果转化机制、创新创业保障和公共服务等(见表 6.2)。其中科技成果转化机制和创新创业保障,将在下面内容中单独阐述。

表 6.2　人才激励政策对比分析

地区	人才激励政策
广东（除深圳）	（1）对博士和博士后占科研人员比例30%以上的企事业单位，核定工资总量予以倾斜；对关键岗位、贡献突出的博士和博士后，绩效工作分配予以单列核发。 （2）单位实施科技成果转化转让所得利益用于科研团队（人员）的奖励部分、单位承担的各类财政资助科研项目的间接费用用于科研人员的绩效支出部分暂不列入绩效工资调控管理。 （3）国有企事业单位引进或聘用海内外优秀博士和博士后，可根据市场标准采用年薪制、协议工资制等方式确定，其薪酬在单位工资总额内单列。 （4）高校采用协议工资制、年薪制、项目工资、特别补贴、一次性奖励等方式给予高层次人才的收入，不计入高校绩效工资总额基数。
江苏	（1）赋予企事业单位科技成果使用、处置和收益自主权，提高职务发明成果转让收益用于奖励研发团队的比例。 （2）开展高校、科研院所等单位与发明人对知识产权分割确权和共同申请制度试点。鼓励企事业单位通过股权、期权、分红等激励方式，调动科研人员创新积极性。 （3）非上市公司授予本公司专业技术人才的股权激励等，符合条件的可按规定递延至转让股权时缴纳个人所得税。 （4）有条件的设区市、县（市、区）应当对本地产业发展有特殊贡献的科研人员予以奖补，奖补数额可相当于其缴纳的个人所得税。 （5）鼓励企事业单位设立首席研究员、首席科学家、首席工程师等专业技术岗位，给予其具有市场竞争力的相应待遇。
深圳	创新完善人才激励保障机制。健全完善体现人才价值、鼓励人才创新创造、激发人才活力的激励保障机制。坚持人才价格与人才价值相适应，加强对收入分配的宏观指导，逐步建立激发活力、注重公平、秩序规范的工资薪酬制度，注重激励分配向关键岗位和优秀拔尖人才倾斜。实行精神激励和物质激励相结合，调整规范各类人才奖项设置，突出表彰奖励各领域各行业的杰出创新创业人才。健全以政府奖励为导向、用人单位奖励为主体，社会力量参与的人才奖励制度。

地区	人才激励政策
上海	创新人才激励政策。加大创新人才激励力度,鼓励企业通过股权、期权、分红等激励方式,调动科研人员创新积极性。积极落实高新技术企业科研人员通过科技成果转移转化取得股权奖励收入时,可在5年内分期缴纳个人所得税的税收优惠政策。进一步研究实施股权奖励递延纳税试点政策。完善事业单位绩效工资制度,健全鼓励创新创造的分配激励机制。开展高校经费使用自主权改革试点。探索提高科研项目人员经费比例。探索实施委托社会机构开展上海杰出人才遴选工作,大力表彰创新创业的杰出人才。加强创新成果知识产权保护。
浙江	(1)完善人才顺畅流动机制。鼓励高校、科研院所吸引优秀企业家、企业"千人计划"人才和天使投资人兼职,担任研究生兼职导师或创业导师。 (2)高校、科研院所科研人员经所在单位同意,可以在职创业并按规定获得报酬。担任公益类、生产经营类事业单位中层领导职务且从事教学科研任务的科研人员,经本单位批准可以在不涉及本人职务影响的企业兼职,是科技成果主要完成人或者对科技成果转化做出重要贡献的,可依法获得现金、股份或者出资比例等奖励和报酬。 (3)事业单位科研人才可以与单位签订离岗协议,明确离岗期间双方权利义务关系、社会保险、科研成果归属、收益分配等事项后,5年内保留人事关系离岗创业。

资料来源:浙江工商大学课题组:《浙江省及五地区科技创新人才引进培育现状分析》,2020年2月。

　　从人才激励政策的比较分析看,广东和江苏人才激励政策更为具体和翔实,激励措施力度更大,浙江省在人才激励政策上应加大措施力度。

三、人才评价政策更加自主

　　根据国务院办公厅印发《关于分类推进人才评价机制改革的指导意见》,各地区各部门结合实际落实、出台了相关实施意见。分类推动具备条件的高校、科研院所、大型企业、国家实验室、新型研发机构及其他人才智力密集单位、重点产业园区自主开展评价聘用工作,建立健全以科研诚信为基础,以创新能力、质量、贡献、绩效为导向的科技人才评价体系(见表6.3)。

表 6.3　浙江省及四地区人才评价政策对比分析

地区	人才评价政策
广东 (除深圳)	(1)广东省引进高层次人才认定标准(2017 年) (2)广东省引进青年拔尖人才认定标准(2017 年) (3)广东海外专家来粤短期工作资助计划专家认定标准(2017 年) (4)广东省引进金融人才认定标准 A 类和 B 类(2017 年) (5)广东省引进高端经营管理人才认定标准(2017 年) (6)广东省引进科技创新领军人才认定标准(2017 年)
江苏	(1)完善符合科研人员岗位特点的分类评价机制,增加技术创新、专利发明、成果转化、技术推广、标准制定等评价指标的权重,将科研成果转化取得的经济效益和社会效益作为职称评审的重要条件。 (2)对科研院所从事基础研究和前沿技术研究的科研人员,弱化中短期目标考核,建立持续稳定的财政支持机制。
深圳	(1)创新完善人才评价发现机制。以能力和业绩为导向,针对各类人才的不同特点,建立多元化人才评价标准和人才评价指标体系,提高人才评价的科学性。 (2)设置专业人才特聘职位。探索在专业性较强的政府机构和国有企事业单位设置高端特聘职位,实施聘期管理和协议工资,通过灵活方式吸引集聚岗位急需的高层次专业人才。
上海	上海市海外高层次人才引进标准
浙江	(1)构建人才分类评价机制。对基础研究、应用研究、成果转化等不同类型人才,建立体现职业特点和成长规律的分类评价标准体系。建立标准化人事考试测评基地。 (2)改革职称评审前置条件,对职称外语和计算机应用能力考试不做统一要求。将专利创造、标准制定及成果转化作为职称评审的重要依据,发明专利转化应用情况与论文指标要求同等对待,横向课题与纵向课题指标同等对待。将企业工作经历和工作业绩作为高校工程类教师晋升专业技术职务的重要条件。业绩突出的优秀工程技术人员,可以破格或越级申报专业技术职称。 (3)开辟海外高层次人才高级职称评审绿色通道。将县以下医疗卫生单位高级职称评审权下放至各设区市,省级医院高级职称试行自主评聘。

　　通过比较分析,广东省人才评价措施更为具体翔实,针对不同类型的人才详细制定了评价标准。浙江省可在人才评价方面进一步细化,使评价机制更具有可操作性。

四、成果转化呈现市场化趋势

按照国家关于促进科技成果转化的相关政策,各地纷纷出台相关意见办法和规定,推进科技成果转移转化,打通央地科技成果转化链,让科技人员在科技成果转化中得到合理回报,让有真才实学做出重要贡献的人才有成就感、获得感(见表6.4)。

表 6.4　各地科技成果转化政策对比分析

地区	科技成果转化政策
广东(除深圳)	《广东省促进科技成果转化条例》
江苏	(1)《江苏省促进科技成果转化条例》 (2)江苏省《重大科技成果转化资金项目》 (3)《江苏省政府办公厅印发关于促进科技与产业融合加快科技成果转化实施方案的通知》
深圳	《深圳市技术转移和成果转化项目资助管理办法》
上海	《上海市促进科技成果转移转化行动方案》
浙江	(1)《浙江省促进科技成果转化条例》(2017 修订) (2)浙江省政府办公厅印发《关于促进科技与产业融合加快科技成果转化实施方案》的通知

资料来源:浙江工商大学课题组:《浙江省及五地区科技创新人才引进培育现状分析》,2020 年 2 月。

五、支持保障政策优化了环境

科技人才流动与服务保障政策旨在破除人才流动障碍,打破户籍、地域、身份、学历、人事关系等制约,实现人才资源合理流动、有效配置。各地区出台多项科技人才流动与服务保障政策,健全人才顺畅流动机制。特别是近几年,进一步畅通高校、科研院所与企业之间人才流动渠道,促进人才在不同地区间有序自由流动,通过出台相关政策,加快科技人才流动服务保障体系建设(见表6.5)。

表 6.5　各地支持保障政策对比分析

地区	支持保障政策
广东（除深圳）	（1）科技创新券：改革省科技创新券使用管理，扩大创新券规模和适用范围，实现全国使用、广东兑付，重点支持科技型中小企业和创业者购买创新创业服务。 （2）创业投资及信贷风险补偿资金：是指由省财政预算安排，用于科技企业孵化器发展，对孵化器内创业投资失败项目和对在孵企业首贷出现坏账项目所产生的风险损失，按一定比例进行补偿的财政专项资金。 （3）《广东省技术先进型服务企业认定管理办法》（粤科规范字〔2018〕3 号） （4）《科技企业孵化器、众创空间后补助试行办法》 （5）持续加大科技领域"放管服"改革力度。
江苏	（1）《江苏人才新政 26 条》 （2）《江苏省科技创新人才推荐计划》 （3）《江苏省 333 高层次人才培养工程》 （4）《江苏省六大人才高峰项目资助计划》
深圳	深圳市高层次人才认定及优惠政策 深圳市海外高层次人才认定及优惠政策（孔雀人才） 深圳市留学人员来深创业前期费用补贴 深圳市产业发展与创新人才奖 深圳市海内外高层次人才创新创业团队资助（孔雀团队） 2016 年度深圳市引才伯乐奖申领发放工作 深圳市海外高层次人才创新创业专项资金技术创新项目 深圳市海外高层次人才创新创业专项资金创业项目 深圳市海外高层次人才创新创业专项资金创业场租补贴 新引进人才租房补贴
上海	（1）《关于进一步深化人才发展体制机制改革，加快推进具有全球影响力的科技创新中心建设的实施意见》 （2）《上海市促进人才发展专项资金管理办法》 （3）《上海市科技创新计划专项资金管理办法》

地区	支持保障政策
浙江	(1)完善人才服务机制。鼓励市县财政设立人才创业投资引导基金，吸引社会资本、风险投资进入人才科技创新领域。建立风险投资促进机制。 (2)开展股权众筹等新型融资服务，积极探索和规范发展互联网金融，支持创新型中小企业信用担保基金发展。鼓励开展知识产权证券化交易，大力发展知识产权质押。 (3)建立人才服务银行，鼓励金融机构对符合条件的高层次人才创业融资给予无须担保抵押的平价贷款。 (4)加快科技大市场建设，建立科技公共服务平台，推广应用创新券。健全落实人才服务例会制度，完善党政领导联系高层次人才制度，妥善解决高层次人才在住房、医疗、子女入学等方面的问题。 (5)浙江人才新政25条。

资料来源:浙江工商大学课题组:《浙江省及五地区科技创新人才引进培育现状分析》,2020年2月。

第五节 长三角人才一体化存在的壁垒

人往高处走,人随产业走,虽然长三角人才流动日益加速,但不可否认,长三角人才流动仍旧呈现出明显的非均衡性。长期以来,长三角区域东西部经济发展不均衡,人才、知识、资本向东集聚;长三角各地产业存在着较多的重合,产业同质化引致人才需求重叠和人才恶性竞争;在一些长三角区域腹地和传统产业占据主导的城市,人才短缺、人才与产业不相匹配的矛盾依然突出。

一、长三角人才流动存在着非均衡性

虽然从整体上来看,长三角地区无论在国际及港澳台人才方面还是国内高层次人才方面,都呈现净流入状态,但由于长三角地区不同区域和城市的经济发达程度、产业结构、就业机会、生活环境、政策导向等方面存在诸多差异,长三角地区只有上海、杭州、南京、宁波等地方为人才净流入城市,而合肥和无锡等多数城市则处于人才净流出状态,呈现出明显的人才流动的非均衡性。根据"中国城市人才吸引力排名"报告,杭州 2017—2020 年人才净流入占比分别为 1.0%、1.2%、1.4%、1.6%,始终为正且逐年攀升,南京 2017—2020 年人才净流入占比分别为 0.9%、0.9%、0.9%、0.9%,始终为正且比较稳定,上海 2020 年人才净流入占比为 1.2%。

长三角地区内部各地经济发展水平差异较大,故此对人才的吸引力也不相同。区域发展的不平衡带来了强烈的人才"极化效应","强者愈强、弱者愈弱"的现象突出。现实情况显示,上海、南京、杭州等长三角核心城市凭借城市自身规模优势,并且借助上级政府部门对其全国、区域人才枢纽城市建设计划的重点支持,成为人才流动中获益最大的城市;而欠发达城市不仅没有从人才流动中获益,而且还存在部分精英人才流失、人才地位下降的问题,打击了其参与长三角人才资源共享计划的积极性,甚至让其产生了防备心理和消极行为。

二、产业同质化导致人才竞争同质化

产业是人才的基础,而人才进驻也能够促进产业发展。但从现实来看,长三角各地方仍旧存在着产业同质化现象,导致招才引智存在同质竞争。长三角地区上海、杭州和南京的人才净流入比重最高,对人才的吸引力最强,而其他许多地区由于支柱性产业仍为传统产业,所需人才类型相似,对人才的吸引力并不强。从人才政策来看,不少地区吸引人才的政策大多是在力度、数量和层次上做文章,存在政策雷同、政策"攀比",陷入恶性竞争的怪圈,导致人力资源的浪费和内耗。此外重引进而轻管理和服务等问题,也使人才"进得来却留不住",人才资源配置及使用效率低下。

除人才政策相似雷同外,长三角各地建立了为数众多、相互独立的科技人才平台,重复建设、同质同构、相互竞争、资源浪费也成为制约当前长三角地区科技人才共同体建设面临的突出问题。高校、公立研究院所相互竞价,导致"帽子"人才价格虚高,严重偏离了实际价值,造成国家财政资源的浪费,人才流动脱离了合理化轨道,破坏了长三角高端人才一体化的基础。此外,政府间的过度竞争还强化了各地人才市场的行政壁垒。政府对长三角地区人才配置主导作用过大会导致市场机制发挥极不充分。市场应该在人才资源配置中发挥主体作用,政府该管的要管,不该管的要交由市场或第三方来管理。规范高端人才市场、充分发挥市场的决定作用对于长三角地区企业创新十分重要。

三、缺乏统一的人才战略和人才规划

当前,长三角三省一市尚未对人才战略和人才规划进行统一协调和对接,各地出于自身利益在工作导向和人才政策方面各行其是,近年来各地愈演愈烈的以拼资金、拼"帽子"为主要特点的"人才争夺大战"充分体现了各地人才竞争的无序性,缺乏统一的长三角人才一体化战略和相应的规划。同时,也缺乏统一、富有执行力的人才一体化管理组织。在人才一体化的统一规划布局尤其是在规划落地执行过程中,需要建立相应的人才一体化管理组织,以高效率地执行规划并统一协调各地区的人才流动、开发与管理工作。

长三角地区人才政策配套程度不高,整体性、系统性不强。不少单位过于重视人才"帽子",对于人才的实际应用价值、应用效果关心不多,客观上造成了各地区、各部门人才"帽子"的攀比和竞争,重引进、轻使用,重引进、轻管理,重引进、轻培养,在一定程度上影响了长三角地区跨地区"产学研"一体化合作的机会和效果。华东师范大学城市发展研究院完成的《长三角城市创新合作研究报告》显示,2016 年,长三角地区仅有上海、南京、杭州为内外交互协同创新活跃城市;苏州、合肥、无锡、宁波为单向协同创新活跃城市;而其余城市为协同创新沉寂城市。长三角城市协同创新网络建设任重道远。人才"重引进、轻使用"现象的深层次原因是管理体制机制

不顺,在单位人才工作考核中,过分夸大了"帽子"人才的作用,甚至出现了"唯指标论"的现象。

此外,长三角不少企业认为,地方政府对人才落户、医疗、子女教育、资金、住房等配套支持力度不够。中芯国际反映,政府在人才公寓供给、税收减免等方面的政策措施还存在较大改进空间,集成电路科技创新重大专项的持续集中支持对企业创新发展也十分关键;复星医药希望能在新药审评审批、医保准入、高端人才引进支持等方面获得政府更多支持。

四、尚未建立有序的一体化人才市场

长三角人才一体化的前提和重要体现形式是建立起统一、有序的一体化人才市场,在市场标准、市场组织、户籍管理、档案管理、人才评价、薪酬待遇、医保异地使用、人才信息系统等方面实现长三角地区的充分对接。由于各地尚普遍存在着一些行政壁垒和政策壁垒,在长三角不同城市之间以及长三角地区和其他区域之间的人才尤其是高层次人才流动还存在着"流动难、流不快"等现象。例如人才进修的资质认定,浙江省医生晋升职称的进修局限于省内三甲医院,尚未打通医生赴上海、江苏等省市高水平医院进修的认定机制,人为设置了人才培养的障碍。

长三角地区各城市间人才跨区域流动缺乏机制支撑,"面和、心不齐"在一定程度上影响了人才的高效利用和区域协同创新成效。由于相关部门对长三角科技人才共同体建设的认识和重视不够,人才协同平台多以营利为主,公益性平台建设滞后,许多平台处于关停状态。有些平台(如中国长三角人才培训创新联盟)虽然是以"长三角"名义建立,但多以服务地方为主,并未真正做到人才跨界交流和共享;三省一市各自有自己的人才交流平台,区域人才平台共建共享并未完全落实。长三角地区某一培训单位负责人表示,人才培训平台的建设与运行资金来自本地政府,只能为本地人才培训服务,无法为长三角其他地区服务,共建缺乏,共享困难。

五、职称互认等机制需要进一步健全

标准统一是推进一体化的重要举措,但从实践来看,上海、江苏、浙江、安徽都有各自的标准,即使在一个地方的不同地区也存在准入标准不同的问题。譬如,有房地产企业反映在报批报建等办事过程中,申报所需要的材料模板不一致。与此同时,长三角各个城市之间的互认机制、监管标准也不健全、不统一。如清明团子等糕点在浙江省按照食品加工进行监管,而在江苏则按照粮食加工进行监管,处罚力度相差很大。三省一市对高新技术企业资质认定、人才职称异地认定、失信行为认定标准没有互认,造成要素流动困难,监管成本增加。例如,浙江省对于医生晋升职称需要有大型医院进修经历,但医生进修的认定仅限于省内大型医院,对于外省(市)医院进修的经历在评职称中不予承认,人为地设置了人才流动壁垒,不利于人才发展。

尽管长三角地区签订了《三省一市人才服务战略合作框架协议》《人才服务项目合作协议》等,但由于缺乏督促办法和共建共享的人才合作平台,很多协议仍然停留在先进的理念上,缺乏具体的章程规范和配套措施。长三角地区除了定期举办一些高校毕业生联合招聘会之外,并没有形成运行正常、成效显著的一体化人才信息共享平台、招聘平台、后期服务平台。长三角三省一市教育管理部门负责人反映,人才共享平台缺乏配套服务,运行效果较差,高校毕业生就业主渠道仍为高校"点对点"推送。

第六节　浙江助推长三角人才一体化的主要任务与保障措施

当前,由市场驱动的长三角区域间人才流动已经常态化,但体制障碍、服务分割等问题的存在导致区域间人才流动的制度性成本较高,影响了人

才资源的配置效率和发展绩效。《长江三角洲区域一体化发展规划纲要》明确,要共建统一开放的人力资源市场,促进人力资源特别是高层次人才在区域间有效流动和优化配置,加强长三角人力资源协作,建立统一的人才一体化评价和互认体系,强化信息共享、政策协调、制度衔接和服务贯通。浙江省在助推长三角人才一体化的进程中,应当全面接轨上海,借梯登高、借船出海,导入全球科技创新人才要素,加快推进人才强省建设。

一、主要任务

1. 强化技术赋能,预测科技人才需求

一是发挥浙江省新一代信息技术优势,提升人才大数据服务能力,助力打破区域信息障碍,为人才供需双方构筑充分的交流网络平台。建立长三角地区统一的人才数据库,建议在数据库中专门设立长三角科技创新人才数据模块,利用大数据手段从整体上加强长三角区域宏观层面的精准调控并及时补位,充分明确浙江省未来对于科技创新人才的需求。

二是科学制定精准的人才资源需求预测和配置。立足于长三角各省市的特色以及在产业链、创新链和价值链上的分工,将产业链与创新链精准对接起来,科学预测各地对于高端人才的供需,并通过产业政策、人才政策进行长三角区域人才流动的引导和优化配置,从而对于人才引进有着长期定位和规划。

2. 健全合作机制,打造全球人才高地

一是积极推动科学家协作交流机制的建立。浙江省应当充分利用长三角院士资源丰富的优势,推动建立以国际级科学家、长三角籍院士和在长三角工作的院士为主体的长三角顶尖科学家联盟。通过顶尖科学家之间的互动,推动跨地区、跨领域的研究团队之间的联系及流动。加快启动长三角联合创新基地建设,吸引上海创新团队和创新企业进驻浙江省,探

索跨省柔性引进人才政策。

二是发挥大平台招引科技创新人才的作用。发挥浙江人才大厦、浙江创新中心、长三角人才大厦等平台作用,支持各地方在长三角区域内建设"人才飞地""创新飞地",导入长三角科技创新人才。引导各市县、园区到海内外高层次人才密集地建设众创空间孵化器,条件成熟的通过优惠政策引入浙江省。鼓励浙江省高校、科研院所在长三角范围内布局分校区、研究分院,形成推进科技人才流动协同的机构布局。

3. 搭建流通平台,完善挂职交流机制

一是联合建立科技专家资源共享服务平台。浙江省可以依托长三角人才公共服务网络信息平台,抓紧建设长三角地区统一标准的各类人才信息库,完善、打通三省一市科技专家库,建立长三角科技专家资源共享服务平台,实现专家库信息共享互通。邀请异地专家参加三省一市重大项目、重大决策等咨询评审。

二是推行科技干部跨地区挂职锻炼,建立三省一市科技干部互派互挂机制。借鉴浦东新区、合肥都市圈等做法,加大浙江省科技干部赴上海、南京、苏州、合肥等城市挂职的力度,形成干部相互学习交流的制度,为加快区域融合奠定坚实的基础。

4. 建立人才市场,强化全球引才力度

一是探索全球科技创新人才引进、评价、服务等标准化。建议推广杭州在全国率先开展外国高端人才"一卡通"服务试点、与国家外专局共同建设全国首个国际人才创业创新园、国际人力资源服务产业园等人才引育机制的经验,科技、人事、户籍、医疗卫生等管理部门制定相关的统一政策,以全方位地保障科技人才根据个人发展的需要以及区域科技事业发展的需要充分自由地流动。

二是推进共同组建长三角国际科技创新人才市场,探索与国际通行做法相衔接的人才评价方法和职业资格认证体系,为引进、培养和造就长三角科技经济发展所需的国际型人才创造条件。发挥长三角人才一体化发展城市联盟和长三角 G60 科创走廊的作用,继续按照"量身定制、一人一策"原则,着力打造更有活力、更具吸引力的创新创业生态环境,形成对高层次人才的"磁吸效应"。

5. 优化服务环境,打造人才引进高地

一是加大浙江省引进科技创新人才的支持力度,建议打造浙江人才特区。以"最多跑一次"改革为牵引,优化人才引进流程,鼓励高校、科研院所等探索高层次人才柔性引进制度。同时,推进长三角区域人才支持政策的协调力度,促进科技人才在长三角区域内健康有序的互动与流动,避免无序的"人才争夺战"。

二是加大人才政策的执行力度,打破各地的行政壁垒和本位主义,建议建立长三角人才工作领导小组、长三角人才一体化联席会议等机构,实现长三角人才一体化的议事和日常管理工作等功能,建立完善的议事制度和日常管理工作制度,成为长三角人才一体化有力的组织支撑。

二、保障措施

1. 组织领导保障

建立由省领导牵头,省级有关部门和各市、县(市、区)政府分头负责落实的工作机制,统筹推进长三角招才引智工作。领导小组办公室抓好协调服务、监督服务等工作,领导小组办公室下设日常工作小组,负责各项重点工作的组织实施。发挥民间各类人才组织作用,推进省、市、县相关政府部门、单位的纵向和横向联动。

2. 统一规划保障

围绕《长江三角洲区域一体化发展规划纲要》,编制《浙江省助推长三角人才一体化的行动方案》,明确浙江省加快高层次人才引进、做好人才服务保障工作的指导思想、工作原则、合作机制、主要目标、重点任务、主要举措等,并建立跨行政区划的高层次协调机构,推动长三角人才一体化进程。

3. 政策体系保障

坚持需求导向、问题导向、项目导向相结合,建立全省统一的长效服务机制和投诉机制。全面落实人才新政,吸引更多人才项目。以"最多跑一次"改革为牵引,坚决破除条条框框、思维定式,加快各类改革举措集中落实、率先突破、系统集成,对人才引进相关项目,实行一窗受理、网上办理、规范透明、限时办结。各地在财政科技投入中安排长三角人才合作专项经费,用于支持长三角人才一体化建设。

4. 公共服务保障

以"最多跑一次"改革为切入口,创新政府公共服务体系,提高城市治理能力,提升城市治理效率,转变政府职能,从管理型政府向服务型政府转变,为人才居住、工作等提供便利的环境。破解体制机制障碍,尤其在人才认定等行政审批体制上加强简政放权的力度与速度。加大政府专项财政资金投入力度,完善商业配套、教育配套、租房配套、医疗配套等,解决好配偶、子女等就业、就学、就医等问题,能够真正引得进人才、留得住人才。

5. 金融支持保障

坚持以人为本,坚持引育并举,加大资金投入力度,吸引高层次人才进驻,提升人才国际竞争力。尤其是对于人才进驻所带来的项目,应当积极对接,给予充分的资金保障、土地保障等。加大政府资金投入力度,建立高质量的政策引导基金,能够为高端项目提供保障,以人才拉动项目,以项目留住人才。利用好创新孵化器等平台,定期组织企业项目与资本对接会,促进创新产业的成长型企业与创投基金、金融机构的沟通衔接,壮大创业投资市场。

第七章 长三角一体化战略背景下 浙江科技创新的发展路径

对标习近平总书记赋予浙江的新目标新定位,浙江如何发挥比较优势,在长三角科技创新共同体的构建过程中承担"浙江角色"、贡献"浙江力量"、体现"浙江特色"、彰显"浙江担当"。本章对这一问题进行了回答。

第一节 长三角科技创新共同体的竞争力对比与 浙江方位

一、浙江在长三角科技创新共同体建设中的角色定位

构建科技创新共同体是一项系统性、复杂性的工程,涉及区域内科技创新资源、体制机制、政策引导激励、政策协同等方面的因素,最终目的是要实现区域范围内优势互补、协同创新,达到多方共赢局面。赵菁奇认为,长三角科技创新共同体是在长三角区域创新体系建设的基础上,由上海、江苏、浙江和安徽形成的科技创新有机整体,在遵循共商共建共享原则的基础上,还要坚持共对原则,即共同应对国际科技创新环境变化带来的风险和挑战。长三角科技创新共同体建设,应着重提高五大能力,即共建共

享重大科技基础设施，提高原始创新能力；联合攻关共性技术关键技术，提高技术创新能力；互相认可高新技术企业资格，提高成果转化能力；协同推进科技创新平台合作，提高创新融通能力；共同成立科技创新发展基金，提高创新保障能力（赵菁奇，2020）。

2020 年 8 月 20 日，习近平总书记在合肥主持召开扎实推进长三角一体化发展座谈会并发表重要讲话。习近平强调，要深刻认识长三角区域在国家经济社会发展中的地位和作用，坚持目标导向、问题导向相统一，紧扣一体化和高质量两个关键词，抓好重点工作，推动长三角一体化发展不断取得成效。长三角地区一要率先形成新发展格局，二要勇当我国科技和产业创新的开路先锋，三要加快打造改革开放新高地。创新主动权、发展主动权必须牢牢掌握在自己手中。三省一市要集合科技力量，聚焦集成电路、生物医药、人工智能等重点领域和关键环节，尽早取得突破。要支持一批中小微科技型企业创新发展。①

根据《规划纲要》及沪苏浙皖先后出台的"推进长江三角洲区域一体化发展实施方案或行动计划"，发现三省一市结合各自优势和长板，积极扮演好自身的角色，努力把各自比较优势转化为长三角整体优势，形成长三角一体化发展新局面。《规划纲要》赋予了长三角"全国发展强劲活跃增长极、高质量发展样板区、率先基本实现现代化引领区、区域一体化发展示范区、新时代改革开放新高地"的战略定位，并明确长三角将形成区域协调发展新格局：上海发挥龙头带动作用，苏浙皖各扬所长。

在科技创新定位方面，上海提出着力建设具有全球影响力的科技创新中心，在国际科技创新中心策源能力上取得新突破。全力打造张江综合性国家科学中心，推动张江实验室创建为国家实验室，与安徽合肥共建量子

---

① 习近平在扎实推进长三角一体化发展座谈会上强调紧扣一体化和高质量抓好重点工作推动长三角一体化发展不断取得成效［EB/OL］.（2020-08-23）［2022-02-14］. http://jhsjk. people. cn/article/31833092.

信息科学国家实验室。同时,集中突破一批关键核心技术。聚焦集成电路、人工智能、生物医药等重点领域,推动产学研用联合攻关,加快推动关键共性技术、前沿引领技术、现代工程技术和颠覆性技术不断取得突破。江苏主动服务、积极支持上海发挥龙头作用,联合提升原始创新能力。走"科创+产业"道路,加强基础性、战略性关键技术研发,组织实施前沿引领技术基础研究专项和前瞻性产业技术创新专项,集中突破集成电路、生物医药、物联网、人工智能、车联网、新材料、新能源、高端装备制造等一批"卡脖子"问题,奋力走在全国前列。安徽提出合力打造科技创新共同体,依托"四个一"创新主平台(即合肥综合性国家科学中心、合肥滨湖科学城、合芜蚌自主创新示范区、全面创新改革试验省)和"一室一中心"(即安徽省实验室和安徽省技术创新中心)分平台,构建"高新基"全产业链项目体系,促进基础研究、应用基础研究、技术创新融通发展,不断提升协同创新能力,打造具有重要影响力的科技创新策源地。

浙江牢固树立"一体化"意识和"一盘棋"思想,主动服务国家战略,推动全省域全方位融入长三角一体化发展格局,重点打造长三角创新发展增长极和长三角世界级城市群金南翼。在长三角科技创新共同体建设方面,浙江以环杭州湾经济区为核心,加快集聚高端创新要素,大力发展高端产业,加强科技体制改革和创新体系建设合作,建设一批高能级创新合作平台,打造全国发展强劲活跃增长极的主载体和长三角高质量一体化发展的领航地。

一是打造长三角创新发展增长极。充分发挥浙江数字经济强、民营经济活等优势,高水平建设产业创新协同体系和创新创业生态圈,实现创新主体高效协同、创新要素顺畅流动、创新资源优化配置,建成一批具有国际先进水平和较强竞争力的高能级创新平台,形成若干世界级产业集群,推动全省产业迈向全球价值链中高端。到 2025 年,争创 2～3 个国家实验室,研发经费投入强度达到 3% 以上,科技进步贡献率达到 70%,高新技术产业增加值占规模以上工业增加值比重达到 52％,省际科创产业合作平台超过 70 家,每万人发明专利拥有量达到 30 件以上。

二是协同建设长三角重大创新平台。全面对接上海全球科创中心建设,加强与长三角高端科研创新平台的全面合作,共同研究制定长三角区域全面创新改革试验方案。建成超重力离心模拟和实验装置,推进未来网络试验设施等申报国家重大科技基础设施,合力争取国家重大科研任务落户长三角区域,共同承接国家科技创新 2030 重大项目和国家科技重大专项。推动之江实验室等创建国家实验室,探索建立长三角跨区域联合实验室。加快建设西湖大学、中科院宁波材料所、中科院肿瘤与基础医学研究所、阿里达摩院、浙大杭州国际科创中心、浙江清华长三角研究院、北航杭州创新研究院、中电科长三角创新中心等重大创新平台,支持浙大国际联合学院建设浙大国际联合创新中心和国际科创城。共同提升长三角 G60 科创走廊合作发展水平,规划建设环杭州湾高新技术产业带,加快推进杭州城西、宁波甬江、嘉兴 G60 等科创大走廊建设,支持打造温州环大罗山、台州湾、绍兴、金义等科创廊道及沪湖绿色智造廊道。加快建设杭州、宁波、温州国家自主创新示范区,争取自主创新示范区扩区提升。

二、浙江推进长三角科技创新共同体建设的思路举措

1. 全省域搭建推进长三角一体化发展平台

以大湾区为核心建立产业一体化发展平台。统筹推进大湾区大花园大通道大都市区"四大"建设是浙江省委省政府的重大决策部署。其中,以大湾区建设为核心,布局全省域产业发展平台,为各地全面对接上海产业合作、科技成果转化应用提供发展空间。大湾区总体布局为"一环、一带、一通道",即环杭州湾经济区、甬台温临港产业带和义甬舟开放大通道。其中,环杭州湾经济区是大湾区建设重点,构筑"一港、两极、三廊、四新区"的空间格局。"一港"即高水平建设中国(浙江)自由贸易试验区,"两极"即增

强杭州、宁波两大都市区辐射带动作用;"三廊"指杭州城西科创大走廊、宁波甬江科创大走廊、嘉兴 G60 科创大走廊;"四新区"指打造杭州钱塘新区、湖州南太湖新区、宁波前湾新区和绍兴滨海新区(见表 7.1)。

表 7.1　浙江省四大新区建设概况

名称	新区基本情况
杭州钱塘新区	钱塘新区规划控制总面积 531.7 平方千米,空间范围包括杭州大江东产业集聚区和现杭州经济技术开发区,托管管理范围包括原江干区的下沙、白杨 2 个街道,萧山的河庄、义蓬、新湾、临江、前进 5 个街道,以及杭州大江东产业集聚区规划控制范围内的其他区域。着力打造世界级智能制造产业集群、长三角地区产城融合发展示范区、全省标志性战略性改革开放大平台、杭州湾数字经济与高端制造融合创新发展引领区。2019 年 4 月 2 日,浙江省人民政府正式批复同意设立杭州钱塘新区。4 月 18 日,钱塘新区挂牌成立。
湖州南太湖新区	南太湖新区规划控制总面积 225 平方千米,空间范围包括现湖州南太湖产业集聚核心区、湖州经济技术开发区、湖州太湖旅游度假区全域、吴兴区环渚街道 5 个村、长兴县境内部分山体。着力打造全国践行"绿水青山就是金山银山"理念示范区、长三角区域发展重要增长极、浙北高端产业集聚地、南太湖地区美丽宜居新城区,其中贯穿的主题是绿色发展。2019 年 4 月 30 日,浙江省人民政府正式发文同意设立湖州南太湖新区,6 月 2 日,南太湖新区挂牌成立。
宁波前湾新区	宁波前湾新区规划控制总面积 604 平方千米,空间范围包括现宁波杭州湾新区(面积约 353.2 平方千米),以及与其接壤的余姚片区(面积约 106.6 平方千米)和慈溪片区(面积约 144.2 平方千米)。着力于高效发挥宁波杭州湾经济技术开发区等国家级平台的带动作用,坚持生态优先、创新引领、产城融合、集约高效发展,着力打造世界级先进制造业基地、长三角一体化发展标志性战略大平台、沪浙高水平合作引领区、杭州湾产城融合发展未来之城。2019 年 7 月 9 日,浙江省人民政府批复同意设立宁波前湾新区。
绍兴滨海新区	绍兴滨海新区规划控制总面积 430 平方千米,立足功能高定位,规划高水平,布局高集聚,建设高标准,管理高效率,致力于打造浙江大湾区发展重要增长极、全省传统产业转型升级示范区、杭绍甬一体化发展先行区、杭州湾南翼生态宜居新城区。2019 年 11 月 27 日,浙江省人民政府批复同意设立绍兴滨海新区。

以各类科创、人才合作平台加快区域合作。浙江省内各地围绕科技创

新谋划多层次人才创新发展平台建设,扩大区域合作领域与深度。如平湖市对接上海,建设张江长三角科技城,是我国第一个跨省市、一体化发展实践区。嘉兴科技城引进大院名校,实施人才带项目、项目育人才策略,深化与同济大学合作,建立同济大学浙江学院;宁波与上海交大合作建立人工智能研究院、与复旦合作建立宁波研究院;金华与上海财经大学合作,建立上海财经大学浙江学院。

2. 渐进性改善全省推进长三角一体化发展环境

破除省际毗邻区交通一体化障碍。国家发改委明确"综合交通协同建设、生态环境共保联治、科技协同创新、对外开放新高地共同打造"是推进长三角一体化建设的四大重点领域。其中,打通省际断头路,突破行政区划掣肘、开通省际毗邻区公交路线,实现长三角省际区域物理空间的一体化,可以切实提高长三角一体化公众的获得感。浙江省积极打通沪苏皖之间的断头路,拆除横亘在省界区域的水泥墩。截至 2019 年 7 月,嘉善、平湖两地与上海之间道路上省界处的 23 处水泥墩已拆除 22 处,改用对正常通行影响较小的限高杆。省际公交车方面,嘉善县已开通了直达金山区枫泾镇 328 路、直达青浦区蒸淀富民毛衫市场的公交线路 329 路,上海枫泾 2 路外环公交线可以开进嘉善县惠民街道。苏州吴江的 7618 路、7619 路跨省公交车分别可以开进上海青浦、浙江嘉善西塘。

破除人才创新发展的机制障碍。近年来,浙江省出台多项高强度、重激励的人才政策,形成了有利于人才引进发展的"生态"环境。省级部门累计出台人才新政配套政策 50 多项,从人才管理体制改革、改进人才培育支持机制、创新人才评价机制、健全人才顺畅流动机制、强化人才创新创业激励机制、构建具有国际竞争力的引才用才机制、建立人才优先发展保障机制等方面,为人才发展构建良好的制度环境。各地市、县(区)结合本地实际,制定具体实施意见和操作细则,政策叠加集成,不断推出人才政策"升级版"。如杭州钱塘新区成立以来,将提升服务人才质量作为破解制约高质量发展深层次问题的关键。探索"菜单服务、一窗受理,数据跑路、加快流程,部门共享人才信息库"等创新做法,实现 35 类人才业务"一窗式"办理,极大地提高了人才办事的便捷化水平和满意度。

三、浙江推进长三角科技创新共同体建设的制约因素

1. 浙江在长三角区域科技创新能力上存在现实差距

长三角区域是全国创新能力最强的地区之一,优势明显,但也存在区域内协同创新分工格局尚未形成、创新资源共享不足、创新链与产业链对接融合不充分、区域创新合作机制尚未建立等问题。城市创新能力评价是对城市创新资源投入、创新产出、创新环境等方面的综合分析,展示了区域范围内各城市的科技创新能力水平与竞争优势。从科技创新的投入产出过程来看,创新人才和创新资金等创新投入规模,发明专利和新产品销售收入等创新产出规模,以及政府、企业、高等学校和科研院所等主体间的创新合作关系等因素,深刻影响着科技创新能力水平。其中,创新人才的投入水平及其自由流动又是关键因素。

根据《国家治理》周刊 2018 年 1 月发布的《对长三角 26 个城市综合创新能力的测评排名》数据[①],长三角地区城市综合创新能力的平均值为72.22,共有 11 个城市超过平均分,分别为上海(86.47)、苏州(83.75)、南京(82.92)、杭州(80.33)、无锡(77.81)、常州(75.09)、合肥(74.94)、宁波(74.85)、镇江(74.14)、芜湖(73.46)、南通(72.80)。浙江只有杭州、宁波超过城市综合创新能力均值,其余 6 城市位于均值以下(见表 7.2)。

---

① 本部分有关城市创新力测评的数据,主要来源于该篇报告,网址为:http://www.sohu.com/a/215242619_256675。

表 7.2　长三角城市综合创新能力测评

省市	城市	综合创新能力	创新基础力	创新投入力	创新产出力	创新持续力
上海	上海	86.47	85.27	90.81	88.05	74.40
江苏	苏州	83.75	77.88	87.97	88.68	73.77
	南京	82.92	88.15	79.06	80.17	86.26
	无锡	77.81	79.24	79.36	78.97	66.03
	常州	75.09	73.34	75.01	74.89	81.05
	镇江	74.14	73.78	69.67	75.41	81.18
	南通	72.80	69.96	71.65	72.82	83.55
	扬州	70.96	70.40	69.35	69.50	81.38
	泰州	70.78	70.54	67.89	69.40	82.99
	盐城	68.34	69.08	66.78	65.37	80.10
浙江	杭州	80.33	77.65	81.58	81.07	82.54
	宁波	74.85	71.56	78.73	76.78	68.63
	嘉兴	70.50	67.70	73.13	71.14	70.24
	湖州	69.61	66.15	70.43	70.84	73.47
	绍兴	69.46	67.57	71.45	69.07	71.62
	舟山	68.98	69.84	65.34	69.03	73.61
	台州	68.48	65.87	74.83	66.34	68.73
	金华	67.69	65.88	70.54	65.58	73.63
安徽	合肥	74.94	74.16	75.03	72.61	85.08
	芜湖	73.46	65.90	75.11	73.09	92.70
	马鞍山	69.05	64.75	70.01	69.61	77.31
	铜陵	67.70	65.12	70.39	65.08	77.94
	滁州	66.26	62.51	63.19	67.29	80.63
	宣城	65.99	62.47	63.19	64.85	85.47
	池州	64.87	62.56	60.42	64.67	82.51
	安庆	62.50	61.48	60.89	60.65	75.59
26 个城市得分均值		72.22	70.34	72.42	71.96	78.09

从城市综合创新能力分析,上海是长三角区域核心城市,也是长三角创新网络中的关键节点和枢纽,科技创新已成为上海经济发展中最为重要的决定性因素,拥有优越的创新基础,具有集聚辐射国内外各种资源、技术、人才、企业的独特能力。有超过半数的城市来自江苏,江苏的整体综合创新能力在长三角城市群中居于领先地位。杭州是引领浙江创新发展的主要引擎,浙江内各城市之间综合创新能力差距较大。其中,杭州最高,得分为 80.33;最低为金华,得分为 67.69。创新要素在各城市之间的供给不平衡是引发该现象的可能原因之一,如何实现区域协同创新,补齐科技创新短板是浙江面临的主要问题。安徽总体创新能力落后于长三角其他省市,但合肥、芜湖等城市正凭借明显的科技创新后发优势向前追赶。

图 7.1 进一步揭示了浙江省 8 个地市在长三角城市群中综合创新能力水平。只有杭州、宁波的得分在均值以上,其他 6 城市均低于平均得分。

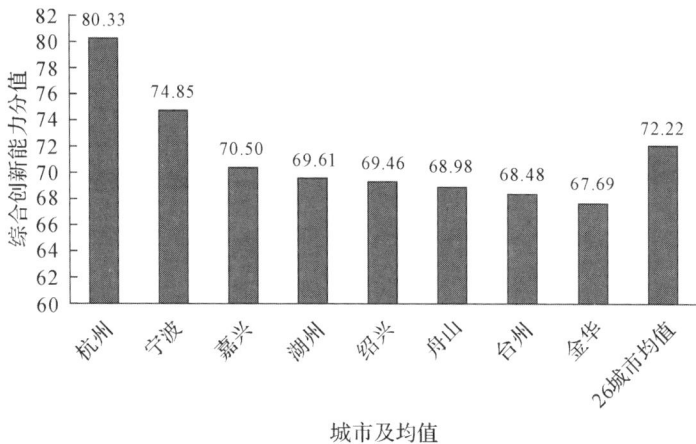

图 7.1　浙江省 8 城市综合创新能力水平

从城市创新基础力分析,长三角 26 个城市可分成三个梯队。第一梯队是上海和南京,大于 80 分;第二梯队有苏州、无锡、常州、镇江、扬州、泰州、杭州、宁波、合肥,在 70 分到 80 分之间;第三梯队是 70 分以下的。总体来看,江苏在第二梯队比较多,浙江和安徽在第三梯队比较多,表明江苏创新基础力整体较为均衡且处于较高水平;浙江次之,但依然存在省内差距。

从城市创新投入力分析,长三角 26 个城市可分为四个梯队。第一梯队是上海,大于 90 分;第二梯队是苏州和杭州,在 80 分到 90 分之间;第三梯队是南京、无锡、常州、南通、宁波、嘉兴、湖州、绍兴、台州、金华、合肥、芜湖、马鞍山、铜陵,在 70 分到 80 分之间;第四梯队是 70 分以下的。总体来看,浙江在第三梯队较多,表明浙江创新投入力较大,且省内城市比较均衡,但在 75 分以上的只有两个城市;江苏有四个,数量上差距较大。

在三省一市 R&D 经费支出绝对规模比较上,浙江低于江苏,与上海持平,但在相对规模(即占 GDP 比重)上,低于上海和江苏。如 2019 年,浙江 R&D 经费支出规模为 1669.8 亿元,江苏、上海和安徽分别为 2779.52 亿元、1524.55 亿元和 754.03 亿元,与各省 GDP(地区生产总值)相比,上海达到了 4%、江苏为 3%、浙江为 3%、安徽为 2%,表明浙江在支持科技人才研发活动上的资金投入水平略低(见图 7.2)。

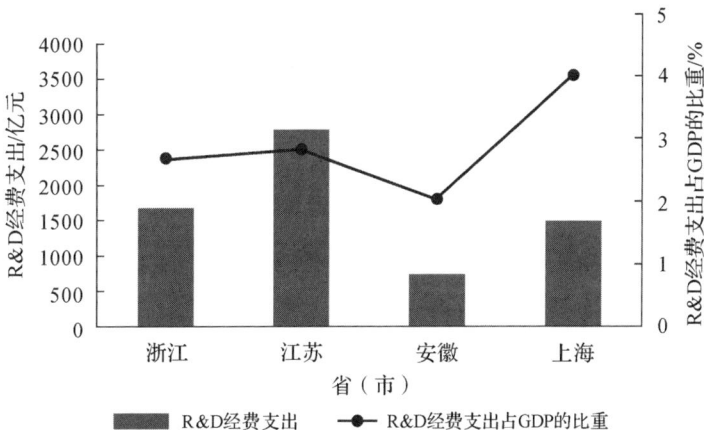

图 7.2　2019 年三省一市 R&D 经费支出规模

从各城市创新产出力分析,长三角 26 个城市可分为三个梯队。第一梯队是上海、苏州、南京、杭州,大于 80 分;第二梯队是无锡、常州、镇江、南通、宁波、嘉兴、湖州、合肥、芜湖,在 70 分到 80 分之间;第三梯队是 70 分以下的。从衡量科技创新产出水平的专利申请量指标来看,与江苏相比,浙江的科技创新活力相对较弱,如 2019 年江苏的专利申请量达到 59.42 万件,浙江为 43.58 万件;发明专利授权量,江苏为 4.0 万件,浙江为 3.4 万件。

从创新持续力分析,长三角 26 个城市可分为四个梯队,第一梯队是芜湖,大于 90 分;第二梯队是南京、常州、镇江、南通、扬州、泰州、盐城、杭州、合肥、滁州、宣城、池州,在 80 分到 90 分之间;第三梯队是上海、苏州、嘉兴、湖州、绍兴、舟山、金华、马鞍山、铜陵、安庆,在 70 分到 80 分之间;第四梯队是 70 分以下的。总体上来看,江苏在第二梯队较多,表明江苏的创新持续力较高,城市整体的可持续水平较高。芜湖的创新持续力领先于长三角各城市,近年来,安徽及江苏多座城市积极推进创新驱动发展战略,充分发挥后发优势,推动自主创新能力的跨越式发展,其中创新战略引领城市可持续竞争力快速提升的典型城市为芜湖;南京、杭州的创新持续力则分别引领江苏和浙江。

其他调查数据也验证了以上结论,如由上海社科院长三角与长江经济带研究中心发布的《2017 年度长三角城市群科技创新驱动力城市排名报告》显示,综合得分排名前十位的城市分别是:上海、南京、杭州、苏州、合肥、无锡、宁波、常州、南通、芜湖。其中上海综合得分为 0.730,明显高于排名第二的南京(0.634)及其他排名靠前的城市,体现了龙头和引领地位,这得益于上海在科技创新投入、科技创新载体及科技创新产出三个方面表现突出,全部位于 26 个城市之首,并保持着比较明显的领先优势。综合得分上榜前十位城市中,江苏有五个城市,浙江只有杭州和宁波两个城市,与江苏相比明显落后。

2. 浙江省集聚科技创新人才的体制机制约束

21 世纪的区域城市竞争实质上是人才的竞争。人才与经济关系密不可分,新增长理论将知识积累与人力资本积累作为经济增长的决定性因素。西奥多·舒尔茨认为,除自然资源、实物资本和劳动力外,人力资本是生产力提高的另一重要因素。然而,现代经济的高速发展和生产要素的重新分配,要求包括人才资源在内的各类资源自由流动。省域范围内科技创新人才的集聚水平,依赖于产业结构与发展水平、科技创新平台载体、科技资源投入与优化配置等状况,以及促进人才自由流动的体制机制设计。从实践来看,人才一体化的实质是区域内人才信息共享、人才资源依据市场需求自由配置,发挥效用最大化。但受制于行政区划边界、政府部门分割、人才归属于各类组织所有等特性,以及隐藏在此背后的社会保障、子女教育、住房等公共服务享受资格,从体制机制上为人才的自由流动加以约束。当前,浙江容纳集聚科技人才的高校、科研院所及高技术产业发展相对滞后,有利于科技人才自由流动的体制机制尚未建立,进而对全省高校培育各类人才、引进省外高层次科技人才产生不利影响。

(1)高等教育发展水平总体较弱且省内发展不均衡

长三角地区高校资源丰富,集聚了浙江大学、上海交通大学、复旦大学、南京大学、中国科学技术大学等一批国内一流大学,成为人才集聚的重要载体。但总体来看,211、985 高校大多集中在上海、南京、合肥等城市,浙江高等教育短板明显。截至 2019 年底,沪、苏、浙、皖四省市设置的高等院校分别为 64 所、167 所、109 所、112 所,拥有的高等学校专任教师数依次为 4.63 万人、12.06 万人、6.67 万人、6.24 万人。

在高等学校设置数量上,浙江为 109 所,低于安徽。在高等学校专任教师数量上,江苏平均每所学校为 722 人,上海为 723 人,浙江仅有 612 人。在本专科人才培育方面,浙江的招生人数、在校生人数都低于苏皖两省。如 2019 年,江苏、安徽本专科人才招生数为 65.89 万人、43.22 万人,浙江为 35.04 万人。作为科技人才的重要来源,高校研究生招生规模、在校研究生数量,反映了一省吸引创新人才的能力水平。图 7.3 反映了 2019 年三省一市研究生招生数、在校研究生规模的横向比较,不难发现浙江远低于沪、苏两地。江苏的研究生招生规模是浙江的 2.31 倍,在校研究生规模是浙江的 2.31 倍。从高等教育发展水平分析,各省每万人口中拥有的大学生数量指标,浙江最低,仅为 183 人,这一指标与上海的差距达到 34 人。

以上数据比较发现,浙江高等教育发展的主要指标远低于江苏,一些指标甚至低于安徽。人才培养、科学研究是高等学校两项重要功能,浙江省域范围内高水平高等院校少,既不利于吸引海内外高层次人才到高校从事科学研究活动,又阻碍了本专科人才及研究生的培育。这也导致长三角地区在共享科技和人才等创新资源上不平衡问题突出,特别是浙江,创新资源不够充沛问题较严重。

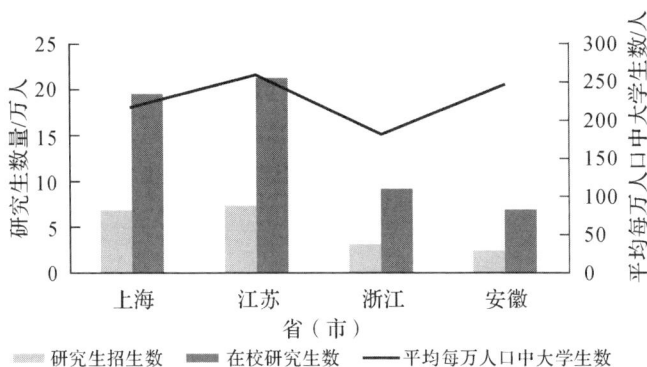

图 7.3　2019 年三省一市研究生培养规模及高等教育水平

(2)科技资源配置及高技术企业发展省际差距较大

长三角科技创新总体实力在全国领先,并有望在一些领域突破、达到国际先进水平。区域内拥有上海张江、安徽合肥两个国家综合性科学中心和一大批科研机构以及世界创新型企业。虽然浙江在大型仪器、科技服务机构两项指标上超过江苏,但在其他指标上都明显落后于上海和江苏,甚至在个别指标上低于安徽。国家级科研基地、科技活动人员、长江学者等指标数据较弱,而在科研用房上不及江苏的一半(见表7.3)。

表 7.3　长三角三省一市重大科技资源分布情况

重大科技资源	上海	江苏	浙江	安徽
大型仪器(台/套)	10794	7505	9477	869
科技服务机构/家	1051	234	631	54
国家级科研基地/个	116	111	61	27
科技活动人员/名	18248	13313	6960	5187
科研用房/万平方米	89.36	97.53	47.24	26.81
两院院士/名	175	86	36	39
高被引科学家/名	65	53	22	14
长江学者/名	511	333	174	68

数据来源:根据长三角科技资源共享服务平台数据整理。

另外,高新技术产业是科技创新成果转化为现实生产力的重要载体,高新技术企业数量也反映了区域创新能力水平。横向比较来看,浙江高新技术产业发展与江苏存在较大差距。2019年三省一市高新技术企业数量如图7.4所示,浙江高企数量高于上海、安徽,居全国第四,但与江苏差距较大,仅为江苏的2/3。沪、苏、浙高新技术企业R&D人员依次为17.0万人、56.7万人、39.9万人,R&D经费支出依次为571亿元、1531亿元、973亿元。从企均研发投入看,浙江平均每家高企的R&D内部经费支出为602万,比江苏低37万。总体来说,浙江在高新技术企业科技创新方面存在一定差距,特别是科技人才资源不足,不利于科技成果的转化应用。

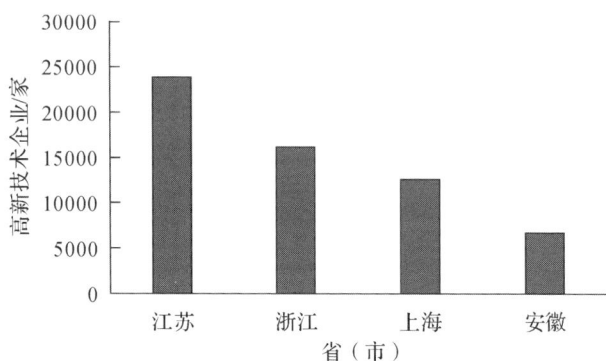

图 7.4　2019 年三省一市高新技术企业规模

（3）制约科技人才自由流动的体制机制障碍尚未破除

人才是最宝贵的科技创新资源,但是激发人才创新效用最大化需要有效的制度保障。行政区划分割下的人才政策待遇及社会保障、公共服务等享受资格差异,提高了人才自由流动的隐性成本,事实上为人才自由流动设置了障碍。合理的行政区划是政府配置资源的重要基础,但在同质化竞争下就会成为行政权力影响下的壁垒,横亘在省际、省内地市间、区县间的行政壁垒,为创新要素自由流动设置障碍。如受制于行政区划限制,长三角地区的人才开发存在着不同的本位主义和各自为政现象,这不仅制约了人才效能的最大限度发挥,也成为长三角地区高质量发展的重要障碍。

省际区域间人才政策差异制约了人才一体化发展。长三角一体化进程中,国家、省际和省级层面,制定出台了规划纲要、行动计划、政策文件等,涉及交通、能源、信息、信用、公共服务、环境治理等领域,但专门针对人才的培育、引进与使用等区域间合作与协调,缺乏明确有效的指导意见。如一些上海企业要落户到浙江平湖的张江科技园,就无法延续上海的政策和待遇,企业需要在浙江重新注册、改名,高技术企业资格需要重新认定,更重要的是人才的社会保障待遇会改变,上海的入户积分没有办法认定,这些制约了上海人才流动到浙江工作的可能性。虽然在推动长三角一体化的发展过程中，已经有一个能够发挥协调功能的联席会议机构，但联席会议的成员主要是三省一市的人才服务机构以及人事部门，其他诸如社会保障、组织部门等则未进入联席会议之中，尤其是合作园区等一线成员未能进入，一些信息无法传递，导致相关协调机制发挥的功能相对有限，引发区域内部人才开发政策整体性、协调性相对不足问题。

浙江省内人才市场处于相对独立的分割状态。区域人才合作缺乏统一规划，各地人才政策各自为政，缺乏顶层设计和统一规划，人才合作开发较为缺乏。导致区域内部人才合作的统一程度较低，合作统筹协调的力度不够，人才合作开发的目标定位不够明确，人才合作开发过程中暴露出的政策兼容度低的问题有待于进一步解决。人才政策、资源和服务方面存在较大差异，加之省内各地市的人才评价标准不统一、职业资格和技术等级尚未实现互认，人才的养老、医疗等社保衔接也困难重重，导致给区域间的人才流动造成一定障碍，致使区域间人才比较优势难以实现互补，区域人才整体实力也无法得到提升，这也降低了省内区域大市场对人才的吸引力。一些区域人才引进都争相出台引才政策，各地不同的制度或许会对进一步吸引国际化人才造成阻碍。而且越是偏僻、落后地区的人才政策力度越低、配套难度越大，这就难以吸引人才过来。

各地集聚科技人才的优惠政策同质化限制了人才的合理流动。当前浙江各城市都在通过体制机制改革和政策优惠吸引人才、比拼人才，但是各地市存在高度跟风现象。如城市需要的人才可以用"高学历、高技能、高层次"来概括，计算机、建筑、生物、航空航天、文创等领域则是人才争夺战的热点。在引才标准上，不是围绕产业发展的需求去考虑数量，更多是从人才等级上定标准，越高端越好，事实上造成与地方产业需求的匹配性较差，强调为我所有，而不是为我所用。在吸引人才的方式和政策待遇上，各地市主要是从补贴、住房、落户、医疗以及子女教育等方面入手，引才方式千篇一律,存在对人才的认定同质化,人才吸引方式同质化等问题。省际方面,上海、江苏、浙江三地间的人员流动性相对较弱,人才流动跨度相对较小。据不完全统计,三地人才的异地流动次数仅有人均 0.83次,跨省市的人才流动次数在总人才流动次数当中所占的比例不超过40％。与省内以及市内人才流动比率相比,长三角区域间的人才流动比率明显偏低。

总之,作为区域竞争和一体化发展的重要资源——各类科技人才,尚没有形成依赖市场机制而实现资源优化配置,阻碍人才自由流动的省际、省内体制机制问题依然较多,长三角地区的存量人才资源难以优化配置,同时也没有形成向区域外吸引科技人才的合力机制。

第二节 浙江地市在科技创新共同体建设中的特色与布局

一、杭 州

杭州市以深入推进国家自主创新示范区建设为起点,加快打造创新平台、集聚创新人才,营造良好创新创业生态。围绕打造数字经济第一城,更加注重数字科技创新与应用,以人工智能引领云计算与大数据、数字内容、视频安防、信息软件、电子商务与快递物流等优势产业发展,大力发展 5G商用、集成电路、区块链、量子技术、物联网等新兴产业,加快场景应用,增强杭州数字经济发展支撑力。目前杭州数字产业化全国领先。集成电路产业取得突破,平头哥半导体有限公司发布 AI 芯片,中欣晶圆大尺寸半导体硅片项目投产。海康威视获批国家视频感知新一代人工智能开放创新平台(见表 7.4、表 7.5)。

表 7.4　2020 年杭州市主要科技创新指标

主要科技创新指标	指标值
高新技术产业增加值	2448 亿元
新产品产值率	37.7%
R&D 经费支出占 GDP 比重	3.59%
新培育"雏鹰计划"企业	847 家
新培育高新技术企业	2440 家
新增国家科技型中小企业	3393 家
PCT 国际专利申请量	1669 件
技术交易总额	432 亿元
省级新型研发机构	18 家
新增国家备案众创空间	24 家
国家双创示范基地	6 家
国家级科技企业孵化器	41 家

表 7.5　杭州主导产业、战略性新兴产业、研发平台

地市	产业类型	产业方向
杭州	主导产业(优势产业)	电子商务、云计算与大数据、数字内容、信息安全、视频安防、信息软件、快递物流
	重点培育发展的战略性新兴产业	5G 商用、集成电路、区块链、量子技术、物联网、生物医药、高端装备、新能源、新材料
	科技创新平台(如企业研究院、工程技术研究中心、新型研发机构等)	企业研究院:70 个 工程技术研究中心(省级):20 个 新型研发机构:10 个 国家大科学装置:1 个 国家重点实验室:9 个 市级高新技术企业研发中心:2023 家 国家级孵化器:41 个

二、宁　波

深入实施"科技争投"行动,加快建设国家自主创新示范区,全面提升创新平台、创新生态,着力打造创新创业高地,让宁波在国家创新版图上更具竞争力。

深入实施数字经济"一号工程",推进数字产业化,做大做强集成电路、软件和信息服务、工业互联网等核心产业,加快发展 5G 商用、北斗应用、人工智能、航空航天等前沿产业,积极培育跨境电商、新零售等新兴服务业态。加快产业数字化,引导传统产业运用平台经济、共享经济、体验经济等新模式实现数字化转型,实现规模以上工业企业技改和智能化诊断全覆盖。超前布局建设新型数字基础设施。推动前洋 E 商小镇、i 设计小镇、机器人智谷小镇、息壤小镇、芯港小镇等加快发展。加强创新载体建设。高水平规划建设甬江科创大走廊,提升宁波国家高新区、中科院宁波材料所等平台能级。推动大连理工大学宁波研究院、中石化宁波新材料研究院等落地运行。谋划建设甬江实验室。加快建设一批制造业创新中心,争创国家综合性产业创新中心,新培育省级产业创新服务综合体 6 家、累计达 18 家。推进"科技飞地"和海外创新孵化中心建设。引导企业加大创新投入,推进规模以上工业企业"三清零"行动,R&D 经费支出占 GDP 比重达 2.86%,新认定高新技术企业有 1020 家,有效高新技术企业达到 3100 家(见表 7.6、表 7.7)。

表 7.6　2020 年宁波主要科技创新指标

主要科技创新指标	指标值
R&D 经费支出占 GDP 比重	2.86%
高新技术产业增加值	2339 亿元
省级新型研发机构	6 家

续表

主要科技创新指标	指标值
新认定高新技术企业	1020 家
A 股上市企业	92 家
择优入库国家科技型中小企业	3038 家
新增省领军型创新创业团队	5 个(累计 22 个)
全职海内外院士	23 名

表 7.7　宁波主导产业、战略性新兴产业、研发平台

地市	产业类型	产业方向
宁波	主导产业(优势产业)	绿色石化、汽车制造、高端装备、新材料、关键基础件、智能家电
	重点培育发展的战略性新兴产业	5G 商用、北斗应用、人工智能、航空航天、医疗健康、工业互联网、智能物流、数字经济
	科技创新平台(如企业研究院、工程技术研究中心、新型研发机构等)	企业研究院:20 个 工程技术研究中心(省级):3 个 国家级科技企业孵化器:11 家

三、温　州

加速融入长三角一体化国家战略。制订参与长三角一体化发展行动计划,依托上海龙头带动,强化重大战略、发展规划、合作项目等全方位对接融入,确立长三角一体化发展重点城市地位。推动与嘉定战略合作的十大举措和 24 个重点项目实质性落地,加快嘉定工业区温州园、科技创新园等平台建设,打造更高质量一体化发展深度融合示范区。建设以企业为主体的技术创新体系,推出高质量发展服务券、创新券 2.0 版,打造"产学研用金、才政介美云"十联动的创新创业生态圈。全面落实人才新政 40 条,留住激活本地人才,引进用好外来人才,入选外专国家级人才 3 人、省级 2

人,"省万"7人,省领军型创新创业团队1支。举办世界青年科学家峰会、民营企业人才周、全球精英创新创业大赛等重大招才引智品牌活动,累计引育院士107人、领军人才223人,本土培育院士和全职院士引进实现"双突破"。加强人才住房、子女就学等保障,统筹抓好人才公寓、蓝领公寓规划建设。支持商业银行设立科技支行,探索开展技术产权证券化试点,筹建中国(温州)技术产权交易所。组建知识产权联盟,申报创建国家知识产权强市(见表7.8、表7.9)。

表 7.8　2020 年温州市主要科技创新指标

主要科技创新指标	指标值
R&D 经费支出占 GDP 比重	2.3%
高新技术产业增加值	674 亿元
新增高能级创新平台	15 个
引进领军型人才项目	136 个
新增高新技术企业	638 家
新增省科技型中小企业	2287 家
新培育创新型领军企业	16 家
技术合同交易额	212 亿元
实施发明专利产业化项目	628 个
国家级企业技术中心	6 家
省级企业研究院	156 家
新增创新型重大科技项目	24 个
新增创新型领军企业	16 家

表7.9　温州主导产业、战略性新兴产业、研发平台

地市	产业类型	产业方向
温州	主导产业(优势产业)	电气制造、鞋革制造、通用设备制造、塑料制造、服装制造、交通运输设备制造业、化学原料及化学制品制造、金属制品
	重点培育发展的战略性新兴产业	数字经济、智能装备、生命健康、新能源智能网联汽车、新材料
	科技创新平台(如企业研究院、工程技术研究中心、新型研发机构等)	企业研究院:45个 工程技术研究中心(省级):1个

四、湖　州

抢抓长三角区域一体化发展上升为国家战略的机遇,全面对接浙江全省大湾区大花园大通道大都市区建设,深度融入上海大都市圈、宁杭生态经济带和G60科创走廊建设,开展更加紧密的区域合作。加快沪湖绿色智造廊道建设,发展"飞地经济",探索与上海共建产业合作园区,努力实现优势互补。打造科技与人才新高地。全面启动国家创新型城市建设,积极争取"浙江科技大奖"。实施新一轮国家知识产权示范城市和知识产权质押融资试点城市建设,营造更优的创新创业生态。深入实施人才强市"1+N"新政和人才新政4.0,"南太湖精英计划""南太湖特支计划""海外工程师计划"系列工程加快推进。"十三五"期间,省级及以上项目入选数共计278个。2020年,国家引才计划外国专家入选数量位居全省第1位。大力发展以数字经济为核心的新经济。聚焦绿色智造城市建设,深化供给侧结构性改革,全力培育地理信息、集成电路及高端元器件、云计算和大数据等新兴产业(见表7.10、表7.11)。

表 7.10 2020 年湖州市主要科技创新指标

主要科技创新指标	指标值
R&D 经费支出占 GDP 比重	3.09％
高新技术产业增加值	584 亿元
高新技术产业投资增速	23.8％
新增上市公司	7 家
新增高新技术企业	245 家
新增省科技型企业	800 家
技术合同交易额	77 亿元
省级重点农业企业研究院	6 家
创新型城市评价	全国第 29 位
有效发明专利	12356 件
新引进领军型创新创业团队和项目	279 个
新入选国家和省级引才计划	68 名

表 7.11 湖州主导产业、战略性新兴产业、研发平台

地市	产业类型	产业方向
湖州	主导产业（优势产业）	金属新材、现代纺织、绿色家居、时尚精品
	重点培育发展的战略性新兴产业	地理信息、集成电路、高端元器件、云计算和大数据、新能源汽车及关键零部件、高端装备、生物医药
	科技创新平台（如企业研究院、工程技术研究中心、新型研发机构等）	企业研究院：28 个 工程技术研究中心（省级）：2 个 国家级科技企业孵化器：8 家 省级科技企业孵化器：7 家

五、嘉　兴

积极融入以上海为龙头的长三角一体化，浙江省全面接轨上海示范区建设迈出坚实步伐。联合松江、金山、青浦实施毗邻地区一体化发展三年

行动,编制沪嘉轨道交通对接规划,沪乍杭、通苏嘉甬等项目前期全面展开。完善"政产学研金介用"七位一体创业创新生态圈,强化高新企业、高新技术、高新平台支撑,让科技创新成为嘉兴高质量发展的基因。统筹推进 G60 科创走廊嘉兴段建设,完善"一核引领、多园支撑"的创新平台空间格局,支持秀洲国家高新区以"一区多园"模式扩容提升,嘉兴科技城发挥好院地合作示范引领作用,嘉善科技新城提升对接上海的产业创新孵化功能,张江长三角科技城平湖园导入优质科创资源,海盐核电关联高新区聚力发展核电设备制造业和核电高技术服务业,海宁鹃湖科技城依托浙大海宁国际校区打造国际创新合作中心,桐乡乌镇大数据高新区加快建设全产业链大数据产业基地,形成高新技术产业集聚带和产业协同创新示范带。发挥好清华长三角研究院的龙头作用。支持清华长三角研究院总部做大做强和更好地融入地方发展,积极运用"一院一园一基金"模式,推动柔性电子研究院、浙江未来技术研究院等平台加快发展,建立军民融合创新研究院,搭建长三角创新创业科技项目。集中精力聚焦集成电路、航空航天、人工智能、生命健康等引领未来发展的新兴产业。积极推动数字产业化和产业数字化,推进乌镇国家互联网创新发展综合试验区建设,加快 5G 网络基础设施和产业布局,促进柔性电子、智能驾驶、无人机等产业规模化发展(见表 7.12、表 7.13)。

表 7.12　2020 年嘉兴市主要科技创新指标

主要科技创新指标	指标值
R&D 经费支出占 GDP 比重	3.31%
高新技术产业增加值	1339 亿元
有效发明专利量	20022 件
新增国家高新技术企业	662 家
技术交易额	113 亿元

续表

主要科技创新指标	指标值
省级新型研发机构	4 个
新增省海外创新孵化中心	2 家
新增省领军型创新创业团队	5 个
新增省科技型中小企业	1422 家
新增省级企业研究院	50 家
新增省级高新技术企业研发中心	75 家
国家高端外国专家引进计划项目	8 个
新增省级星创天地	4 家

表 7.13　嘉兴主导产业、战略性新兴产业、研发平台

地市	产业类型	产业方向
嘉兴	主导产业（优势产业）	精密机械、电子信息产业、特钢制品产业、机电装备产业、新材化工产业、汽配制造产业
	重点培育发展的战略性新兴产业	集成电路、航空航天、人工智能、生命健康、数字经济核心领域、智能装备、前沿材料
	科技创新平台（如企业研究院、工程技术研究中心、新型研发机构等）	企业研究院:45 个 省级高新技术企业研发中心:59 家

六、绍　兴

实施数字经济"一号工程",培育发展新兴产业,推广智能制造"新昌模式",出台产业数字化、军民融合创新示范区发展等政策,举办集成电路、工业互联网、新材料等产业论坛。强化科技人才支撑。围绕建设国家创新型城市,高标准建设科创大走廊,提升发展绍兴高新区,探索"一区多园"模式。全面推行科技型企业"常年申报、常年受理"认定模式,净增高新技术企业 440 家左右,创历史新高。11 家企业入围全省高新技术企业创新能

力百强,165 家企业列入省高成长科技型中小企业,数量位居全省第 3 位。提升产业创新服务综合体建设实效,制定《绍兴市产业创新服务综合体考核评价办法(试行)》,7 家省级综合体在省绩效评价中均为良好以上。深化网上技术市场建设,交易额突破 104.7 亿元。加强与大院名校、国家级研发机构合作,引进共建一批高质量产业创新研究院、技术转移中心,探索域外研发"飞地"建设,新引进中科大、江南大学等 8 家高校共建产业创新研究院。聚焦人才强市建设,完善人才服务制度,发挥人才基金、人才服务银行作用,加快建设重点人才平台,2020 年新增外国专家工作站、外专人才计划、领军型创新创业团队、海外工程师等均位居全省前三位(见表7.14、表 7.15)。

表 7.14　2020 年绍兴市主要科技创新指标

主要科技创新指标	指标值
R&D 经费支出占 GDP 比重	2.80%
高新技术产业投资增速	9.9%
高新技术产业增加值	833 亿元
新认定高新技术企业	440 家
新增省科技型中小企业	1180 家
新增省高成长科技型中小企业	165 家
新增省级产业创新服务综合体	6 家
技术交易额	104.7 亿元
入围全省高新技术企业创新能力百强	11 家
有效发明专利量	13193 件
新增省级以上孵化器、众创空间	71 家

表 7.15　绍兴主导产业、战略性新兴产业、研发平台

地市	产业类型	产业方向
绍兴	主导产业（优势产业）	纺织印染、高端纺织装备制造、新型化纤材料
	重点培育发展的战略性新兴产业	集成电路、高端生物医药
	科技创新平台（如企业研究院、工程技术研究中心、新型研发机构等）	企业研究院：16 个 工程技术研究中心（省级）：1 个

七、金　华

加快推进科技创新。积极创建国家创新型城市，深度融入 G60 科创走廊，加快建设金华科技城、义乌双江湖科教园区，谋划建设中央创新区。争取获批国家高新区。力争义乌、永康省级高新园区挂牌运营，全力支持兰溪、东阳创建省级高新园区。深入实施科技企业"三倍增"计划，强化知识产权保护，引导企业加大研发投入，设立 10 亿元以上科技投资风险基金，力争专利权质押贷款融资 10 亿元，新增国家高新技术企业 423 家、省科技型中小企业 1078 家。全市域全方位融入长三角。设立驻沪招商总部，深化与上海松江区、虹桥商务区等战略合作，引进张江科技园，积极承接上海功能疏解和产业转移。加快在金华设立"一带一路"院士工作站、长三角区域人才疗养基地、G60 科创走廊服务基地，在沪杭等地建设科技孵化飞地、异地研发中心。放大中国国际进口博览会溢出效应，加快专业市场转型升级，争取承办中国（浙江）进口商品博览会，打造进口商品"世界超市"（见表 7.16、表 7.17）。

表 7.16　2020 年金华市主要科技创新指标

主要科技创新指标	指标值
R&D 经费支出占 GDP 比重	2.01%
新认定高新技术企业	423 家
新增省科技型中小企业	1078 家
高新技术产业投资增速	14%
PCT 国际专利新申请量	267 件
有效发明专利拥有量	10185 件
每万人发明专利拥有量	17.49 件
高新技术产业增加值	486 亿元
新增省级产业创新服务综合体	5 家
新增省级以上创新载体(科技孵化器、众创空间、星创天地)	15 家
技术交易额	63 亿元
发明专利产业化项目数	397 项
创新券使用	4406 万元

表 7.17　金华主导产业、战略性新兴产业、研发平台

地市	产业类型	产业方向
金华	主导产业(优势产业)	磁性材料、时尚纺织、高端装备、节能环保、水晶玻璃、饰品美妆
	重点培育发展的战略性新兴产业	新能源汽车、生物医药、光电子、人工智能
	科技创新平台(如企业研究院、工程技术研究中心、新型研发机构等)	企业研究院:28 个

八、衢　州

积极探索"接沪"合作新机制,加快融入 G60 科创大走廊。拓展与长

三角兄弟城市的交流合作,借力义甬舟开放大通道,深化衢甬、衢绍战略协作。坚决落实"共抓大保护"要求,积极参与推动长江经济带发展。大力推动传统产业弯道超车、新兴产业换道超车,积极构建现代产业体系。加快迈入数字经济智慧产业新蓝海。实施衢州阿里新一轮战略合作,成功引进智网科技、深兰科技、金瑞泓12英寸集成电路硅片等一批高端项目,初步走出了一条"示范换应用、应用换市场、市场换产业"的路子。获批省级以上产业创新服务综合体、新型研发机构、众创空间、农业高科技园区、星创天地、企业研发机构等28家,新培育国家高新技术企业119家、科技型中小企业262家,大力推进产业创新,集聚高质量发展新动能。以大产业创新体系建设为引领,着力激发市场主体活力,加快培育新的经济增长点。当好"浙江制造"高质量发展生力军。把实体经济作为区域发展的立身之本,大力发展先进制造业,推动制造业加快向数字化、网络化、智能化发展。完善大科创专项政策,重点扶持新材料、新能源、集成电路、高端装备制造、生物医药等产业发展,积极创建省级产业创新服务综合体(见表7.18、表7.19)。

表 7.18　2020 年衢州主要科技创新指标

主要科技创新指标	指标值
R&D 经费支出占 GDP 比重	1.79%
新增高新技术企业	119 家
新增省科技型中小企业	262 家
高新技术产业增加值	196 亿元
高新技术产业投资增速	−4.3%
技术交易额	31.72 亿元
新增省级产业创新服务综合体	4 家
新增产业创新服务综合体	5 家
省级企业研究院	54 家
省级科技企业孵化器	6 家
省科技创业领军人才	3 名

表 7.19　衢州主导产业、战略性新兴产业、研发平台

地市	产业类型	产业方向
衢州	主导产业（优势产业）	机械、化工、钢铁、造纸、水泥
	重点培育发展的战略性新兴产业	新材料、新能源、集成电路、高端装备制造、生物医药、数字经济
	科技创新平台（如企业研究院、工程技术研究中心、新型研发机构等）	企业研究院：4 个

九、舟　山

加快融入长三角区域一体化。以接轨上海为龙头，全方位融入长三角。做好浙沪自贸试验区联动发展文章，研究谋划自贸试验区一体化协作的新机制。做好基础设施对接文章，争取北向大通道、大洋山开发等纳入长三角一体化发展规划，推进小洋山北侧内支线码头建设，积极融入上海大都市圈。做好产业协作文章，主动承接上海辐射，强化航运、航空、石化、金融、高新科技、大宗商品交易等领域合作。积极参与大湾区大花园大通道大都市区建设，申报创建典型示范建设县区，打造石化、航空两个"万亩千亿"大平台，谋划推进宁波舟山一体化发展，推动两地在基础设施、平台共建、产业协同、服务共享等方面一体化融合，加快融入宁波都市圈。加快落地一批先进制造业为主的重大项目。把握高新产业发展态势，依托舟山市海洋资源禀赋，聚焦石化、航空、数字经济、生命健康等重大领域，突出县区、功能区经济主战场作用，争取每个区块都有先进制造业项目落地。推动绿色石化基地项目一期全面建成并安全运营、二期全面开工、三期启动报批工作，谋划落地一批石化中下游项目。加快波音项目产能释放，发展整机制造及改装、大部件系统集成、零部件制造、融资租赁等产业。发展海洋数字经济，深入推进智慧海洋示范工程，谋划建设海洋信息装备产业基地,打造海洋电子信息产业园。建设工业互联网平台,发展海洋生命健康产业,建设国家健康旅游示范基地(见表7.20、表7.21)。

表 7.20   2020 年舟山主要科技创新指标

主要科技创新指标	指标值
R&D 经费支出占 GDP 比重	1.74%
高新技术产业增加值	325 亿元
高新技术产业投资增速	−8.5%
技术交易额	28.18 亿元
PCT 国际专利申请量	12 件
有效发明专利量	3241 件
新增高新技术企业	52 家
新增省级科技型中小企业	191 家
省级产业创新服务综合体	累计 5 家
全职引进外籍院士	1 名

表 7.21   舟山主导产业、战略性新兴产业、研发平台

地市	产业类型	产业方向
舟山	主导产业(优势产业)	大健康产业、旅游业、船舶和海洋工程装备、渔业
	重点培育发展的战略性新兴产业	航空航天、数字经济、生命健康
	科技创新平台(如企业研究院、工程技术研究中心、新型研发机构等)	企业研究院:2 个

十、台　州

加快实施创新驱动战略,突出科技成果转化,着力构建"产学研用金、才政介美云"十联动创业创新生态圈,加快推进创新强市。集聚创新要素。

全面对接宁波温州国家自主创新示范区,加快台州科技城和中央创新区建设,提升浙大台州研究院、清华长三角研究院台州创新中心等科创平台绩效,加强台州生物医药研究院等人才创新平台建设,争取浙大工程师学院分院挂牌。构建开放、协同、高效的共性技术研发平台,创业创新服务平台量质提升,创建 13 家省级产业创新服务综合体,累计引进 220 家创新服务机构入驻。探索创新研发"飞地"模式,在沪深杭等地建设科技成果转化中心和孵化器。做强科技大市场,培育科技服务机构,企业使用创新券接受服务次数持续 5 年走在全省前列,连续三年被评为全省"公众创业创新服务行动优秀市"。突出建链补链、强链延链,围绕七大千亿级产业,紧盯航空航天、新能源汽车、生物医药、工业机器人、新材料等新兴产业,深化与知名产业基金、创投基金等合作招商,谋划招引一批对产业整体提升和产业链完善具有关键作用的高端项目。强化发展共同体意识,全方位接轨大上海,高起点谋划项目载体,在产业、金融、科技创新、公共服务等方面主动承接上海高端辐射(见表 7.22、表 7.23)。

表 7.22　2020 年台州主要科技创新指标

主要科技创新指标	指标值
R&D 经费支出占 GDP 比重	2.26%
新增省级产业创新服务综合体	3 家
新增市级产业创新服务综合体	8 家
新增高新技术企业	282 家
新增省级科技型中小企业	1050 家
高新技术产业投资增速	−12.4%
高新技术产业增加值	749 亿元
技术交易额	61.43 亿元
省级企业研究院	16 家
新增省领军型创新创业团队	1 家

表 7.23 台州主导产业、战略性新兴产业、研发平台

地市	产业类型	产业方向
台州	主导产业(优势产业)	医药医化、电力能源、汽摩配件、家用电器、塑料模具、缝制设备、船舶制造、鞋帽服装
	重点培育发展的战略性新兴产业	虚拟现实、增材制造、航空航天、新能源汽车、生物医药、工业机器人、新材料
	科技创新平台(如企业研究院、工程技术研究中心、新型研发机构等)	企业研究院:20 个 工程技术研究中心(省级):1 个

十一、丽 水

以长三角一体化、"一带一路"、山海协作为依托,构建全方位开放合作新格局。制定实施接轨上海、融入长三角一体化行动方案,积极对接 G60 科创走廊、上海"百家名企"。加快创新驱动发展,促进产学研深度融合。汇聚创新资源,推进与之江实验室、清华长三角研究院的深度战略合作,加强与浙江大学等省内外高等院校的合作交流;办好"人才·科技"峰会,优化升级科技、人才政策,探索"一院一园一基金一政策"创新机制,实施"绿谷精英 550 引才计划",谋划建设人才社区。提升创新平台,围绕浙西南科创中心建设,着重抓好浙西南科创走廊和浙西南科创产业园项目谋划,启动丽缙智能装备园国家高新技术产业园区创建工作。积极对接上海、杭州、宁波、嘉兴等科技创新前沿城市,在各地置产建园,探索"研发在当地、产业在丽水,工作在当地、贡献给丽水"的"创新飞地"模式。积极推进科学家在线云上创新服务平台等合作项目,谋划设立离岸孵化器,力争实现县(市、区)、开发区市级以上科技孵化器(众创空间)全覆盖(见表 7.24、表 7.25)。

表 7.24　2020 年丽水主要科技创新指标

主要科技创新指标	指标值
R&D 经费支出占 GDP 比重	1.83%
高新技术产业增加值	120
有效发明专利量	1980 件
新增高新技术企业	208 家
新增省级科技型中小企业	344 家
新增省级产业创新服务综合体	3 家
新增省级企业研究院	13 家
新增省级高新技术企业研发中心	25 家
新增省级科技企业孵化器	2 家
新增省级众创空间	5 家

表 7.25　丽水主导产业、战略性新兴产业、研发平台

地市	产业类型	产业方向
丽水	主导产业（优势产业）	半导体、精密制造、健康医药、时尚产业、数字经济、农业
	重点培育发展的战略性新兴产业	数字经济、装备制造、节能环保、生命健康、人工智能、半导体、5G、绿色能源、新能源、新材料
	科技创新平台（如企业研究院、工程技术研究中心、新型研发机构等）	企业研究院:11 个

第三节　长三角一体化战略背景下浙江科技创新发展路径的思考

为深化推进长三角一体化国家战略下浙江科技工作,发挥浙江特色优势,深化科技体制改革,优化区域创新布局,打造协同创新生态,着力提升

区域协同创新能力,在建设具有全球影响力的长三角科创共同体中彰显浙江担当,为奋力打造"重要窗口"、争创社会主义现代化建设先行省贡献科技力量,提出以下战略思考:

一、整合优势资源,开展核心技术联合攻关

一是建立长三角产业创新大数据平台。依托长三角产业创新大数据平台,动态分享区域间产业关键核心技术断供和"卡脖子"情况、有能力开展技术攻关的优势单位以及已取得攻关突破的成果等信息,实现供给侧和需求侧信息充分对接。二是改革科技计划项目组织管理机制。支持省外高校、科研院所作为合作单位联合省内机构申报各类科技计划项目,支持省外具备相应条件和能力的企事业单位牵头申报,择优纳入科技计划项目库管理,入库项目在满足科研机构、科研活动、主要团队到浙江省落地,项目成果在浙江省转化等条件后,给予立项支持。三是设立长三角关键核心技术攻关浙江基金。围绕浙江省关键核心技术攻关需求,设立长三角关键核心技术攻关浙江基金,通过招标揭榜、择优委托等方式组织实施重大科技攻关专项项目,汇聚长三角地区高校、科研院所、骨干企业等组成联合攻关团队,突破一批"卡脖子"核心关键技术。完善三省一市高新技术企业、科技型中小企业、创新平台、科技成果等互认制度。

二、聚焦战略需求,实施重大创新载体共建

一是共建一批关键领域长三角联合实验室。按照"顶层设计、分类设施、突出重点、创新引领"的原则,通过长三角两方或多方的紧密合作,推进相关重大科学问题和关键核心技术研究,围绕集成电路、人工智能、生物医药、智慧海洋、前沿新材料等重点领域建设 10 家长三角联合实验室,争取优势研究领域实验室落户浙江。二是共建长三角国家技术创新中心。系统集成长三角创新资源,共同创建长三角国家技术创新中心,协同布局建

设浙江省技术创新中心和高水平新型研发机构体系,构建专业性协同创新网络节点。三是打造长三角高能级产业合作平台。以 G60 科创走廊为长三角科技创新一体化发展的重要实践区和先行区,推进长三角科技创新圈建设。进一步推进张江平湖科技园、浙江临沪产业合作园区等产业平台建设,深化各地与张江、临港、虹桥等高端开发区之间的战略协同,在理顺区域竞争格局和利益机制的基础上,共同建设长三角跨区域科技产业新城,在深层次上打通融入上海的发展通道。四是建立创新载体合作机制。集成浙江大学、阿里巴巴达摩院、浙江中控及省内外其他优势企业和科研机构,高水平共建"高尖精特"创新载体合作机制,协力推动全球高端创新资源的集聚、链接与互动。

三、完善双创体系,强化区域创新生态共造

一是推进创新资源开放共享。推进三省一市相互开放国家级和省级重点实验室、中试基地和科技经济基础数据等信息资源。采取以奖代补、无偿资助、双向补助和后补助、政府采购等多种方式,对科技资源开放共享成效显著的管理单位和各类科技平台给予奖励补助支持,并在科技资源新增配置方面给予倾斜。通过无偿公益性服务和有偿增值服务相结合等方式,完善共享服务定价机制和合同制度,引导各类科技平台和创新基地加大开放共享力度。探索实行科技资源开放共享法人责任制,将科技资源利用和共享情况列入科技资源管理单位及其负责人工作绩效考核范围。建立科技资源利用及共享情况公示制度,建立服务效果在线监控和反馈机制。二是加强科技资源共享的金融支撑体系。三省一市金融办牵头投资局、国有银行等探索共建长三角科技开发银行,强化金融对科技资源共享的支持力度。在创业风险投资、科技贷款、科技保险、知识产权质押、信用担保等领域推动科技金融创新的综合试点,推行跨行政区开设账户、存贷款等相关金融服务,鼓励跨省区开展科技风险投资活动,增强银行之间的

便利性,简化手续。成立科技资源共享基金,如建立大型仪器设备中心、数据资源中心等专项科技资源共享基金。浙江省可以与其他省市共同建立科技资源共享基金,与企业、个人等社会主体共同投资大型仪器设备中心、数据资源中心等专业科技资源共享机构,按市场化原则运营,整体提高实验室设备水平,提高资源利用效率。

四、加强国际合作,合力构建全球创新格局

一是整合海外创新资源。鼓励企业加强海外研发中心、创新中心建设,利用国际研发网络,布局国际科技合作网络,在海外设立国际化研发中心,联合开展国际科技联合攻关,参与国际标准制定。鼓励有条件的科技园区和企业"走出去",通过自建、并购、合作共建等多种方式建立科创园区和联合实验室。二是吸引国际创新资源。加强三省一市"放管服"改革联动,打造国内最优营商环境,充分发挥长三角对外开放整体优势,大力吸引海外知名大学、研发机构、跨国公司等在长三角区域设立前举行或区域性研发中心,积极争取国际组织在长三角落户或设立分支机构。加深与欧盟创新驿站等国际机构的合作,加强中以常州创新园、中以上海创新园、中新苏州工业园区等合作园区建设,共建共享与国外技术转移机构的合作关系,开展国际技术转移服务,促进国际先进科技成果在长三角转化落地。三是聚力发起和参与国际大科学计划。围绕生命健康、资源环境、物质科学、信息科学等领域,集中优势资源,适时牵头和参与发起全脑神经联接图谱等国际大科学技术和国际大科学工程。依托大科学装置集群,吸引全球科学家力量,开展联合研究,突破重大科学难题。设立大科学装置投资基金,吸引地方政府、科研机构、企业及国际组织共同投入,鼓励社会资本参与,形成多元投入机制。建立国际大科学计划组织运行、实施管理、知识产权管理等新模式、新机制,通过有偿使用、知识产权共享等方式,吸引国际组织、国内外政府、科研机构、高校、企业及社会团体等参与支持大科学技

术建设、运营和管理。

五、强化引才聚智,构筑高层次科技人才"蓄水池"

一是精准预测科技人才需求。建立长三角地区统一的人才数据库并专设长三角科技创新人才数据模块,利用大数据手段从整体上加强长三角区域宏观层面的精准调控并及时补位,充分明确浙江省未来对于科技创新人才的需求,并通过产业政策、人才政策进行长三角区域人才流的引导和优化配置。二是合作打造全球人才高地。推动建立以国际级科学家、长三角籍院士和在长三角工作的院士为主体的长三角顶尖科学家联盟。通过顶尖科学家之间的互动,推动跨地区、跨领域的研究团队之间的联系及流动。加快启动长三角联合创新基地建设,吸引上海创新团队和创新企业进驻浙江省,探索跨省柔性引进人才政策。支持各地方在长三角区域内建设"人才飞地""创新飞地",导入长三角科技创新人才。鼓励浙江省高校、科研院所在长三角范围内布局分校区、研究分院,形成推进科技人才流动协同的机构布局。三是完善挂职交流机制。建立长三角科技专家资源共享服务平台,实现专家库信息共享互通。邀请异地专家参加三省一市重大项目、重大决策等咨询评审。建立三省一市科技干部互派互挂机制。借鉴浦东新区、合肥都市圈等做法,加大浙江省科技干部赴上海、南京、苏州、合肥等城市挂职的力度,形成干部相互学习交流的制度,为加快区域融合奠定坚实的基础。四是强化全球引才力度。共同组建长三角国际科技创新人才市场,探索与国际通行做法相衔接的人才评价方法和职业资格认证体系,为引进、培养和造就长三角科技经济发展所需的国际型人才创造条件。发挥长三角人才一体化发展城市联盟和长三角 G60 科创走廊的作用,继续按照"量身定制、一人一策"原则,着力打造更有活力、更具吸引力的创新创业生态环境,形成对高层次人才的"磁吸效应"。

参考文献

[1]本刊记者.美国建设"创新共同体"政策解读[J].内江科技,2013,34
(7):1.

[2]陈建军.不失时机推动长三角更高质量一体化发展[J].人民论坛·学
术前沿,2019(4):41-47.

[3]陈建军.长三角一体化发展示范区发展模式与路径[J].科学发展,2020
(5):71-79.

[4]陈建军,陈菁菁,陈怀锦.我国大都市群产业:城市协同治理研究[J].浙
江大学学报(人文社会科学版),2018(5):166-176.

[5]陈建军,黄洁.浙江全面融入长三角的实践路径[J].群众,2019(20):
10-11.

[6]陈建军.加快浙沪产业发展联动步伐[J].浙江经济,2019(3):19-20.

[7]陈建军.全局视野下的长三角协调发展机制研究[J].人民论坛·学术
前沿,2015(18):16-25.

[8]陈建军,杨书林,黄洁.城市群驱动产业整合与全球价值链攀升研究:以
长三角地区为例[J].华东师范大学学报(哲学社会科学版),2019(5):
90-98,238-239.

[9]陈建军.浙江接轨上海融入长三角的战略思考与实施路径[J].浙江经
济,2019(17):23-24.

[10]陈建军.走向长三角世界级大都市群的浙江路径[J].浙江经济,2020(1):24-25.

[11]陈志明.全球创新网络的特征、类型与启示[J].技术经济与管理研究,2018(6):5.

[12]戴乐,董克勤.欧盟第八、九研发框架计划比较分析及影响和启示[J].全球科技经济瞭望,2018,33(9):7.

[13]邓广,杨震演.科学共同体在科技体制变迁中的作用与重建[J].科学学研究,2000(6).

[14]樊明捷.旧金山湾区的发展启示[J].城乡建设,2019(4):74-76.

[15]高雪.典型都市圈产业转型升级国际比较研究[D].石家庄:河北大学,2017.

[16]韩家威.加快构建长三角地区现代化经济体系研究[J].经济研究导刊,2019(27):53-54.

[17]胡春江,范力洁.新型创新载体"赋能"长三角一体化发展—浙江清华长三角研究[EB/OL].(2020-08-07)[2020-08-20].http://www.cnmzppw.com/tv/20200807092119.html.

[18]胡春艳.科学共同体实现公共责任的途径选择分析[J].科学学研究,2014(10).

[19]胡曙虹,黄丽,杜德斌.全球科技创新中心建构的实践:基于三螺旋和创新生态系统视角的分析:以硅谷为例[J].上海经济研究,2016(3):21-28.

[20]胡宗雨,李春成.从科学共同体到创新共同体:溯源与运行机制[J].商,2015(38):2.

[21]黄鲁成.创新群落及其特征[J].科学管理研究,2004(4):5-7.

[22]孔令池,洪功翔.从政府主导转向多元联动:长三角地区高质量一体化发展的推进逻辑[J].中共南京市委党校学报,2020(2):11-16.

[23]李娜,张岩.长三角生态绿色一体化发展示范区建立财税分享机制的问题及对策建议[J].上海城市管理,2020(4):38-43.

[24]李万,常静,王敏杰,等.创新3.0与创新生态系统[J].科学学研究,2014(12):91-98.

[25]李子彪,张静.科学共同体的演化与发展——面向"矩阵式"科技评估体系的分析[J].科研管理,2016(S1):8.

[26]林斐.安徽加入长三角经济一体化区域分工差异化研究[J].江淮论坛,2019(5):78-84,135.

[27]林斐.泛长三角承接长三角新一轮产业转移的思考[J].发展研究,2009(12):14-16.

[28]林斐.共建共治共享:创新经济视域下的区域一体化——以长三角一体化发展为例[J].西部论坛,2020(3):68-77.

[29]林斐.新时代长三角地区皖浙深度合作着力点[J].浙江经济,2019(3):21-22.

[30]刘秉镰,王钺.京津冀、长三角与珠三角发展的比较及思考[J].理论与现代化,2020(3):5-11.

[31]刘慧.欧洲研究区:泛区域创新系统理论的实践探索[J].科技管理研究,2016,36(6):4.

[32]刘斯敖.三大城市群绿色全要素生产率增长与区域差异分析[J].社会科学战线,2020(7):259-265.

[33]刘瞳.世界主要都市圈经验的借鉴和北京都市圈的发展[D].北京:中共中央党校,2011.

[34]刘潇.长三角地区生产性服务业增长效率的比较分析[J].统计与决策,2020(13):103-106.

[35]刘志彪.长三角更高质量一体化发展的三个基本策略问题分析[J].江苏行政学院学报,2019(5):38-44.

[36]刘志彪.长三角区域高质量一体化发展的制度基石[J].人民论坛·学术前沿,2019(4):6-13.

[37]刘志彪.长三角区域市场一体化与治理机制创新[J].学术月刊,2019(10):31-38.

[38]刘志彪.建设长三角全球产业链集群[N].社会科学报,2020-07-02(1).

[39]刘志彪,孔令池.长三角区域一体化发展特征、问题及基本策略[J].安徽大学学报(哲学社会科学版),2019,43(3):137-147.

[40]刘志彪,徐宁.统一市场建设:长三角一体化的使命、任务与措施[J].现代经济探讨,2020(7):1-4.

[41]吕韬,姚士谋,曹有挥,等.中国城市群区域城际轨道交通布局模式[J].地理科学进展,2010(2):249-256.

[42]雒冬雪.中国三大城市群经济发展的生态约束研究[D].上海:华东师范大学,2012.

[43]马琳,吴金希.全球创新网络相关理论回顾及研究前瞻[J].自然辩证法研究,2011,27(1):6.

[44]倪鹏飞,李冕.长三角区域经济发展现状与对策研究[J].中国市场,2014(41):15-33.

[45]倪鹏飞.扬长避短推动长三角一体化高质量发展[N].中国城市报,2019-08-19(016).

[46]庞建刚,石琳娜.创新共同体:从实体转向虚拟[M].北京:科学出版社,2018.

[47]强永昌,杨航英.长三角区域一体化扩容对企业出口影响的准自然实验研究[J].世界经济研究,2020(6):44-56,136.

[48]权衡.推动长三角制造业率先实现高质量发展[N].新华日报,2018-12-04(017).

[49]苏宁,屠启宇.构建创新共同体协同创新谋发展:美国建设创新共同体应对危机[J].华东科技,2013(2).

[50]天津市科学学研究所京津冀协同创新研究组.京津冀协同创新共同体——从理念到战略[M].北京:知识产权出版社,2018:166.

[51]涂建军,毛凯,况人瑞,等.长江经济带三大城市群城际客运联系网络结构对比分析[J].世界地理研究,2021(1):69-79.

[52]屠启宇,苏宁.美国建设"创新共同体"的战略设计与政策启示[N].科技日报,2013-06-03(001).

[53]王鸽.长三角城市群产业功能协同效应研究[D].杭州:浙江财经大学,2019.

[54]王立军.长三角科技创新合作战略与路径研究[M].北京:企业管理出版社,2019:24-31.

[55]王苇航.高科技产业成就旧金山湾区[N].中国财经报,2017-07-29(6).

[56]王峥,龚轶.创新共同体:概念、框架与模式[J].科学学研究,2018,36(1):10.

[57]王志强,杨青海.科技资源开放共享标准体系研究[J].中国科技资源导刊,2016(7):19-23,61.

[58]魏后凯.区域开发理论研究[J].地域研究与开发,1988(1).

[59]伍凤兰,陶一桃,申勇.湾区经济演进的动力机制研究:国际案例与启示[J].科技进步与对策,2015(23):31-35.

[60]习近平.干在实处 走在前列[M].北京:中央党校出版社,2006.

[61]习近平.推动形成优势互补高质量发展的区域经济布局[J].求是,2019(24):4-9.

[62]习近平.我国经济已由高速增长阶段转向高质量发展阶段[J].新湘评论,2019(24):4-5.

[63]习近平.浙江领导纵论长三角[J].今日浙江,2007(3):18-19.

[64]许宁生.科创中心建设背景下上海集成电路产业创新与发展[J].世界科学,2019(11):30-31.

[65]于迎,唐亚林.长三角区域公共服务一体化的实践探索与创新模式建构[J].改革,2018(12):92-102.

[66]曾刚,等.长江经济带协同创新研究——创新合作空间治理[M].北京:经济科学出版社,2016:55-59.

[67]张峰.国家战略视角下的数字长三角发展现状与未来探析[J].当代经济,2020(7):33-35.

[68]张宗法.粤港澳大湾区科技创新共同体建设思路与对策研究[J].科技管理研究,2019,39(14):5.

[69]章志刚.现代物流与城市群经济协调发展研究[D].上海:复旦大学,2005.

[70]赵菁奇.长三角科技创新共同体建设应着重提高五大能力[N].学习时报,2020-06-17(6).

[71]甄茂成,党安荣,阚长城.基于大数据与网络分析的长三角城市群识别研究[J].上海城市规划,2019(6):8-16.

[72]周寄中.科技资源论[M].西安:陕西人民教育出版社,1999:105-220.

[73]周振华.在全球城市核心功能上"拉长板"[N].解放日报,2018-07-24(9).

[74]Ahlfeldt G M,Feddersen A. From periphery to core:Measuring agglomeration effects using high-speed rail[R]. SERC Discussion Papers,2015.

[75]Allport R J,Brown M. Economic benefits of the Europe-an high-speed rail network [J]. Transportation Research Record,1993(1381):1-11.

[76]Coto-Millán P，Inglada V，Rey B．Effects of network economies in high-speed rail：The Spanish case［J］．The Annals of Regional Science，2007，41(4)：911-925.

[77]Crescenzi R，Rodriguez-Pose A，Storper M．The territorial dynamic of innovation in China and India［J］．Journal of Economic Geography，2012,12(5)：1055-1085.

[78]David E．Relationship between transportation and the economy［R］．BeiJing：Beijing Jiao Tong University,2010.

[79]Derville A G．Change of competition regime and regional innovation capacities：Evidence from dairy restructuring in France［J］．Food Policy,2014(49)：347-360.

[80]Galbraith J K．The New Industrial State［M］．Boston：Houghton Miffin,1973.

[81]Lynn L H．Linking technological and institutions：The innovation community farm work［J］．Research Policy,1996(1)：91-106.

[82]Maidique M A．Entrepreneurs，champions and technological innovation ［J］．Sloan Management Review，Winter：1980,21(2)：59-76.

[83]Matin F．Justifying a high-speed rail project：Social value vs. regional growth［J］．Annals of Regional Science，2000,31(2)：13-18.

[84]Porter E M．Location,competition and economic development：Local clusters in a global economy［J］．Economic Deveolment Quarterly，2000,14(1)：15-34.

[85]Saxenian M．Regional adanvatage：Culture competition in silicon Valley and Route 128［M］．Havard：Havard University Press，1994.

[86]Urena J M，Menerault P，Garmendia M．The high-speed rail challenge for big intermediate cities：A national，regional and local

perspective[J]. Cities,2009(26):266-279.

[87]Vickerman R. Location,acessibility and regional development: The appraisal of Trans-European Networks[D]. Transport Policy,1996,2 (4):225-234.

[88]Xiaofang D, Siqi Z, Matthew E K. The role of transportation speed in facilitating high skilled teamwork[D]. NBER Working Papers, 2018, No. 24539.

[89]Zheng S, Kahn M E. China's bullet trains facilitate market integration and mitigate the cost of megacity growth[J]. Proceedings of the National Academy of Science,2013,14(110):1248-1253.